Vinod Shinde
Pravin Rathod
Nandkishor Meshram

Resposta da Nutrição Foliar para Induzir a Floração em Manga

Vinod Shinde
Pravin Rathod
Nandkishor Meshram

Resposta da Nutrição Foliar para Induzir a Floração em Manga

Qualidade e rendimento da manga

ScienciaScripts

Imprint
Any brand names and product names mentioned in this book are subject to trademark, brand or patent protection and are trademarks or registered trademarks of their respective holders. The use of brand names, product names, common names, trade names, product descriptions etc. even without a particular marking in this work is in no way to be construed to mean that such names may be regarded as unrestricted in respect of trademark and brand protection legislation and could thus be used by anyone.

Cover image: www.ingimage.com

This book is a translation from the original published under ISBN 978-620-7-80613-3.

Publisher:
Sciencia Scripts
is a trademark of
Dodo Books Indian Ocean Ltd. and OmniScriptum S.R.L publishing group

120 High Road, East Finchley, London, N2 9ED, United Kingdom
Str. Armeneasca 28/1, office 1, Chisinau MD-2012, Republic of Moldova, Europe
Printed at: see last page
ISBN: 978-620-7-85317-5

CAPÍTULO - I
INTRODUÇÃO

A manga (Mangifera indica L.) é uma das culturas tropicais mais importantes da Índia. É o fruto preferido de quase todas as pessoas devido ao seu sabor e aroma imbatíveis e à sua disponibilidade em épocas limitadas num ano. A manga tem a sua origem e riqueza de espécies no Sudeste Asiático. Pertence à família Anacardiaceae e à ordem Sapnidales com o número de cromossomas 2n=4x=40 (Purseglove, 1976). É conhecida por ser cultivada há mais de 4000 anos no subcontinente indiano. De acordo com a FAO (2021), a Índia é um dos maiores produtores de mangas (incluindo mangostão e goiaba) (43,80%). A Índia é também um importante exportador de mangas frescas para o mundo. O país exportou 27 872,78 toneladas de mangas frescas no valor de 327,45 crores/ 44,05 milhões de dólares para o mundo em 2021-22 (Anon., 2022a). A área total de produção de manga durante o ano de 2020-21 foi de 23,17,000 ha e a produção total foi de 2,03,86,000 Mt (Anon., 2022b). Os destinos de exportação das mangas indianas são os EAU, os EUA, o Nepal, os Países Baixos, a Malásia, o Sri Lanka, Omã e o Qatar.

Mukherjee (1953) relatou que a manga requer um clima estritamente tropical ou subtropical com uma temperatura média ideal de cerca de 24 - 27 °C. Requer uma faixa de altitude de 0 a 700m acima do nível médio do mar (MSL), juntamente com chuvas de 100 a 200cm. a colheita tem seu melhor desempenho na faixa de pH de 5,0 - 7,5. A colheita não pode suportar geadas e altitudes mais altas, mas pode suportar temperaturas de 48 °C por um período limitado, enquanto que, se continuada por um período mais longo, é prejudicial. A manga é utilizada extensivamente em várias formas, incluindo fins de mesa, concentrado de polpa, sorvetes, compotas e geléias de manga, doces, conservas, abóbora, picles de manga e amchur, etc., a manga oferece inúmeras oportunidades de emprego, tanto de maneira direta quanto indireta, na forma de oportunidades industriais também. A manga é uma cultura altamente rentável, uma vez que apresenta rendimentos líquidos elevados e um melhor período de produção, especialmente nas condições climáticas da Índia. O seu valor de mercado é igualmente elevado, uma vez que depende muito das estações do ano. As mangas de boa qualidade do início da época têm sempre um rendimento mais elevado para os agricultores do que as mangas da época normal.

O mercado indiano está inundado por um enorme número de variedades de manga, quer sejam autóctones ou cultivares melhoradas. No entanto, são muito poucas as variedades cultivadas para fins comerciais e económicos, nomeadamente Alphonso, Banganapalli, Dashehari, Chausa, Langra, Totapuri, Kesar, etc. (Yadav, 1997). A variedade Kesar destaca-se da multidão devido ao seu sabor suculento excecional, aroma e polpa amarelo-alaranjada vibrante. Entre as várias regiões da Índia onde a manga Kesar é cultivada, o Estado de Maharashtra, especialmente a região de Marathwada e Konkan, destaca-se como um importante centro de produção. As condições climáticas únicas de Maharashtra, caracterizadas por Verões quentes e uma estação de monção distinta, exercem um impacto significativo no comportamento de floração das árvores de manga Kesar na região e o solo fértil torna-a um local ideal para o cultivo de mangas Kesar. O Estado tornou-se famoso pelos seus prósperos pomares de mangueiras. A variedade Kesar é enriquecida com valores nutritivos como ácido ascórbico (25,53 mg/100g), açúcar total de 17,65% betacaroteno (7,23mg/100g) e teor de proteínas (0,56%) e também tem parâmetros de qualidade como percentagem de polpa de 68,99%, o volume de 238,00 ml (Lad et. al., 2017). As mangueiras têm uma morfologia floral poligâmica. Tem um tipo de inflorescência andromonóica (flores perfeitas e hermafroditas na mesma inflorescência, ou seja, contendo estruturas pistiladas e estaminadas e flores puramente masculinas ou estaminadas). As flores perfeitas possuem estruturas reprodutoras masculinas e femininas, enquanto as flores masculinas apenas possuem estames responsáveis pela produção de pólen.

A percentagem de flores hermafroditas foi maior em condições de alta temperatura, enquanto a faixa de baixa temperatura de 10 - 15 °C no momento da iniciação da flor deu origem a flores estaminadas (Singh et al., 1966). A manga é uma cultura terminal. Cada panícula pode conter de 1000 a 6000 flores em número, dependendo da variedade e das condições ambientais (Mukherjee, 1953). O tamanho das flores da mangueira é pequeno, variando entre 5-10 mm de diâmetro, com um perianto de 10 partes, constituído por quatro ou cinco sépalas e pétalas de forma ovada (Mukherjee e Litz, 2009). Estames carnudos (um e raramente dois) são produzidos em flores perfeitas e estaminadas, juntamente com quatro estaminódios estéreis. O ovário é superior no caso das flores perfeitas e o aborto dos pistilos - ovário ocorre no início da flor estaminada. O tipo de óvulo é anátropo e pendente (Mukherjee e Litz, 2009). A arquitetura da inflorescência da mangueira consiste num eixo central na panícula, a partir do qual o pedículo de flores individuais nasce em primárias e secundárias, e termina em ramificações posteriores. A abertura das flores da mangueira ocorre geralmente durante a noite e as primeiras horas da manhã e a duração do período de floração é geralmente curta, ou seja, 2 a 3 semanas (Mukherjee, 1953).

A floração da mangueira é um fenómeno complexo com vários factores que contribuem para o processo. Os factores importantes envolvidos na floração da manga são factores genéticos, fisiológicos e ambientais. Os novos rebentos do ano em curso surgem de gemas axilares sob a forma de crescimento lateral. A decisão de um primórdio de botão se diferenciar em botão vegetativo ou reprodutivo depende inteiramente dos factores no momento da iniciação do botão floral (FBD). Murti e Upreti (2000) afirmam que o processo de floração começa com a iniciação do rebento, seguida da diferenciação do botão apical num botão floral, resultando na emergência da panícula. A ligação direta entre a diferenciação do botão floral e os factores, ou seja, o estímulo ambiental e a idade dos rebentos em repouso, é referida por Davenport (2007).

O período de diferenciação do botão floral da maioria das mangas tropicais e subtropicais vai de outubro a dezembro. A FBD das variedades do Sul da Índia é comparativamente mais precoce do que nas regiões do Norte da Índia. Rani (2018) afirma que a floração na manga é um fenómeno complexo e confuso que continua a ser um desafio para os criadores e produtores. O desenvolvimento bem sucedido das flores é fundamental para garantir um fornecimento abundante e consistente de frutos de manga. A floração na mangueira é influenciada por vários factores, incluindo o estado nutricional, as condições ambientais e a regulação hormonal. Entre os nutrientes essenciais necessários para uma floração e frutificação óptimas, o potássio (K) e o fósforo (P) desempenham papéis cruciais.

Entre muitos factores envolvidos na floração, a carga da cultura durante o ano anterior determina a qualidade e a quantidade da floração e o rendimento da cultura da manga na estação ou ano seguinte. A Kesar, sendo uma cultivar de produção alternativa, é altamente afetada por esta questão. Há mais possibilidades de flutuação do rendimento devido aos mecanismos de ano "ON" e "OFF". É também necessário manter um equilíbrio adequado no número de rebentos necessários para a floração e criar um ambiente propício ao início da floração. Isto é conseguido principalmente através da redução do nível endógeno de giberelina e da elevação dos níveis de auxina e citocinina nos rebentos (Shivran et al., 2020). Para além do envolvimento hormonal, as condições das reservas internas de hidratos de carbono, a relação C:N, a acumulação de giberelina, etc., são responsáveis pela bienalidade do Kesar.

O azoto está diretamente envolvido na síntese e aumenta os níveis de citocinina nos rebentos das mangueiras. O azoto actua como fator-chave na síntese de uma série de enzimas, metabolitos secundários, proteínas, etc. O teor de auxina nos frutos também aumenta com a aplicação exógena. O aumento do teor de auxina impulsiona gradualmente a rápida divisão celular e o aumento da produção de rebentos, o que é altamente necessário para aumentar o número de folhas e expandir a área foliar. O potássio é um macroelemento essencial, necessário em grandes quantidades para o crescimento e desenvolvimento normais das plantas. Este catião [K+] desempenha um papel importante na ativação de enzimas, na síntese de proteínas, na função estomática, na estabilização do pH interno, na fotossíntese, nos processos relacionados com o turgor e no transporte de metabolitos. O nitrato de potássio (KNO_3) e o di-hidrogenofosfato de potássio (KH_2 PO_4) são normalmente utilizados como fertilizantes foliares para suplementar o potássio e o fósforo, respetivamente, nos pomares de mangueiras. Estes fertilizantes têm tido um impacto positivo no crescimento e na produtividade de várias culturas. Além disso, o nitrato de cálcio, que consiste em nitratos derivados de fontes atmosféricas, ganhou atenção como uma fonte potencial de nutrientes para as plantas, incluindo as mangueiras.

O nitrato de potássio actua como um agente universal de quebra de botões que tem a capacidade de acelerar o processo de iniciação da floração e induzir um maior número de botões a diferenciarem-se em botões reprodutivos. Três meses após a data de pulverização do KNO_3 numa indução semanal, a floração é registada em condições de temperatura quente (Davenport, 2003). Nas Filipinas, o KNO_3 é altamente recomendado para a indução de floração uniforme ou floração fora de época em cultivares como 'Pico' e 'Carabao' (Madamba, 1978).

O nitrato de potássio tem como principal objetivo o crescimento vegetativo e a abertura dos botões. O azoto nele presente estimula o fluxo vegetativo. As folhas são o local de síntese das hormonas de floração, como o florigen, e de outras hormonas de sinalização responsáveis pela floração. Experiências realizadas no México revelaram que as pulverizações com nitrato de potássio anteciparam o início da inflorescência um mês na manga de Manila, o que resultou numa produção abundante para os agricultores. Estudos mostram que as pulverizações de nitrato de potássio não induzem diretamente a floração, mas estimulam os botões na região terminal. Para a indução da floração em culturas frutícolas, o cálcio actua como mensageiro secundário (McKenzie, 1994). Das (2001) referiu que a aplicação de Ca(NO)32 sob a forma de aplicação foliar resultou num aumento da absorção de Ca e NO_3 -N pela copa das plantas, em que o Ca sinergizou a floração e a frutificação, enquanto o NO_3 - N aumentou a produção de frutos através do aumento da divisão celular.

Ao otimizar a aplicação de nitrato de potássio, di-hidrogenofosfato de potássio e nitrato de cálcio, os produtores de manga podem potencialmente aumentar a floração e a frutificação, conduzindo a um aumento do rendimento, à melhoria da qualidade dos frutos e à prosperidade económica. Tendo em conta estes factos, a presente investigação intitulada "Estudos sobre tratamentos químicos para induzir a floração na manga (Mangifera indica L.) cv. Kesar na região de Marathwada", foi concebido para examinar os efeitos de diferentes concentrações e tempos de aplicação de nitrato de potássio, di-hidrogenofosfato de potássio e nitrato de cálcio em vários parâmetros de floração, incluindo a indução floral, o número de flores, a duração da floração e a frutificação. Os resultados desta investigação têm o potencial de contribuir significativamente para a gestão e produção de pomares de mangueiras. A experiência foi planeada com os seguintes objectivos

1. Identificar os produtos químicos e as concentrações para induzir a floração na manga cv. Kesar na região de Marathwada.

CAPÍTULO - II
REVISÃO DA LITERATURA

A experiência intitulada "Estudos sobre tratamentos químicos para induzir a floração da manga (Mangifera indica L.) cv. Kesar na região de Marathwada" foi conduzida no pomar de mangueiras experimental e de investigação, no Departamento de Horticultura, Faculdade de Agricultura, Latur, VNMKV, Parbhani, durante o ano de 2022-23. A revisão da literatura foi feita com base nos objectivos determinados para a experiência.

2.1 Parâmetros florais:

2.1.1 Efeito dos tratamentos químicos nos parâmetros de floração:

Nunez (1985) experimentou a decapitação e a pulverização com nitrato de potássio no comportamento da floração e da frutificação das mangas 'Haden' e 'Manila', respetivamente. A decapitação + pulverização com KNO_3 no final de novembro resultou num aumento da percentagem de rebentos floridos (96% e 88%), e num aumento de 3 vezes no número de panículas (1,8 panículas/broto) em ambas as cultivares, respetivamente.

Kumar e Reddy (2008) realizaram uma experiência com diferentes produtos químicos, nomeadamente, ácido ortofosfórico ($H_3 PO_4$), di-hidrogenofosfato de potássio ($KH_2 PO_4$), hidrogenofosfato dipotássico (K HPO_{24}), nitrato de cálcio (Ca(NO $)_{32}$ e ácido salicílico (SA) nas características de floração e frutificação da manga da cultivar Baneshan. O comprimento da panícula foi mais elevado na pulverização de $KH_2 PO_4$ 1% (31,6) e a percentagem mais elevada (5,94) de flores hermafroditas.

Nahar et al. (2010) investigaram os efeitos de $KClO_3$, KNO_3, e ureia nos parâmetros de floração e frutificação de mangas 'Amrapali' com 9 anos de idade. Os resultados foram significativos com a pulverização de KNO_3 a 4% no aparecimento precoce de panículas (19 -23^{thrd} dezembro), o maior número de panículas por planta (349,0) na manga.Sudha et al. (2012) investigaram diferentes produtos químicos azotados na frutificação e rendimento da manga cv. Alphonso em que a pulverização foi dada em intervalos de quinze dias de 15th novembro a 30th dezembro. A experiência foi realizada no Horticultural College and Research Institute, Coimbatore, durante o ano de 2010-2011 e os tratamentos foram ureia @ 1% (T_1) ou 2% (T_2); KNO_3 @1% (T_3) ou 2% (T_4); NH_4 NO3 @ 1% (T5) ou 2% (T6); CaNO3 @1% (T7) ou 2% (T8), e Controlo (T9).

Os resultados foram significativos com KNO_3 (2%) que mostrou um comprimento máximo de rebento (de 68,2 cm), um número de panículas por m^2 foi de 7,5, comprimento máximo de panícula (de 31,4 cm). O maior número de flores hermafroditas (282,5/panícula) também foi observado na pulverização de KNO_3 (2%). A floração dos rebentos jovens deve-se principalmente à substituição parcial das suas necessidades de maturação pelo KNO_3 .

Sarker & Rahim (2013) experimentaram a aplicação foliar de nitrato de potássio (4%, 6% e 8%) e ureia (2% e 4%) em manga cv. Amrapalli. As plantas tratadas com KNO3 a 4% exibiram o aparecimento da panícula 17 dias mais cedo do que as plantas de controlo não tratadas, a panícula mais longa (38,83 cm), a panícula mais larga (31,87 cm) e o maior número de ramos secundários/panícula (46,03).

Yeshitela et. al. (2005) efectuaram uma experiência em plantas de

Pomar de mangueiras da variedade Tommy Atkins na Etiópia para estudar os efeitos de diferentes concentrações de potássio (2% KNO_3 , 4% KNO_3) e combinações de ureia (2% KNO_3 + 0,5 g de ureia, 2% KNO_3 + 1 g de ureia, 4% KNO_3 + 0,5 g de ureia, 4% KNO_3 + 1 g de ureia) pulverizadas na floração e na produção. A pulverização de 4% KNO_3 + 1g de ureia aumentou a floração em 52% em relação às árvores de controlo. Os dias de floração foram mais precoces (37 dias) do que nas árvores de controlo. Isto deve-se principalmente a concentrações mais elevadas de botões quiescentes activados para a iniciação da flor.Amarchouli et al. (2016) estudaram as características de floração e frutificação da manga 'Kesar' de 8 anos em resposta à influência de produtos químicos numa quinta de Horticultura, na Universidade Agrícola de Navsari, durante o ano de 2013-2014. Os diferentes tratamentos foram KNO_3 (0,5%, 1%, 1,5%), Cycocel (50ppm, 100ppm, 150ppm), Ethrel (100ppm, 200ppm, 300ppm) e KH_2 PO_4 (0,5%, 1,0%, 1,5%). A pulverização foi efectuada duas vezes, uma na diferenciação dos botões florais e outra na fase de plena floração. A percentagem máxima de floração (26,12%) foi observada em KNO_3 a 1%, seguido de KH_2 PO_4 a 0,5%.

Patel et al. (2016) investigaram o efeito da aplicação foliar de produtos químicos nos parâmetros de crescimento, floração e fruto da manga. Os produtos químicos consistiram em várias concentrações de KNO_3 e tioureia aplicadas através de pulverização foliar nos dias 15th de outubro e 15th de novembro. Os resultados mostraram que o KNO_3 (1% de KNO_3 + 1% de tioureia) resultou num número mínimo de rebentos vegetativos (0,70), no número máximo de panículas por terminal (0,85), na percentagem máxima de rebentos floridos (93,33%) e no comprimento mais elevado das panículas (48,67). A biossíntese de etileno foi estimulada por uma pulverização foliar de KNO_3 , o que acabou por conduzir à indução floral. Shukla e Bisen (2021) fizeram experiências em goiabeiras de quatro anos cv. Allahabad safeda com várias intensidades de poda (0%, 10%, 20%, 30%) e pulverizações de nitrato de potássio (1%, 2% e 3%) na última semana de julho. O KNO_3 3% em pulverização única no dia 24 de julho junto com 1 par de podas foliares observou o maior número de flores (8,71), mínimo de dias para a abertura das flores (33,03).

Kumar et al., (2017) realizaram uma experiência sobre a floração em lichias de árvores com 9 a 10 anos de idade no Centro Nacional de Investigação de Lichias, Muzzafarpur, Bihar. As diferentes formas de produtos químicos de potássio, ou seja, T1: KNO_3 (1%); T2: K HPO_{24} (1%); T3:KH_2 PO_4 (1%); T4:K HPO_{24} (2%); T5:KH_2 PO_4 (2%); T6:K HPO_{24} (1%) + KNO_3 (1%), T7: KH_2 PO_4 (1%) + KNO_3 (1%); T8: Ethrel (400 ppm) e T9: Controlo (pulverização de água) foram utilizadas para o estudo. K HPO_{24} (1%) e Ethrel (400 ppm) resultaram em floração em mais de 75% dos rebentos. Kundu et al. (2019) experimentaram com diferentes produtos químicos de floração, nomeadamente ethephon 0,625 ml por litro (T_1), KNO_3 10 g por litro (T_2), ethephon 0.625 ml por litro + KNO_3 10 g por litro (T_3), KH_2 PO_4 10 g por litro (T_4), paclobutrazol 4 ml por m de raio de copa (T_5), decapitação em outubro (T_6), decapitação (junho) + ureia 5 g por litro (julho) + KNO_3 10 g por litro (T_7) e controlo (T_8) em mangueiras de 10 anos da variedade Himsagar na Estação de Investigação Hortícola de Bidhan Chandra Krishi Viswavidyalaya, Nadia, Bengala Ocidental, no ano 2012-14. Consistiu na aplicação no solo (paclobutrazol) e na aplicação foliar (Ethephon, KNO_3 e KH_2 PO_4) de produtos químicos. O paclobutrazol (T_5) e o KNO_3 10 g por litro (T_2) resultaram no aparecimento precoce de panículas no ano "ON", seguido do KH_2 PO4 10 g por litro (T_4) no ano "OFF".Solanki et al. (2021) investigaram o efeito de diferentes produtos químicos e agro-técnicas no crescimento e floração da manga cv. Kesar na Fruit Research Station, Lalbagh, Junagadh Agricultural University, Junagadh durante 2019-20 a 2020-21. os tratamentos incluíram várias concentrações de ácido giberélico, KH2PO_4 , nitrato de cálcio e paclobutrazol. Com exceção do paclobutrazol, todos os outros produtos químicos foram aplicados por via foliar em várias fases. A experiência resultou no número máximo de panículas do tratamento de irrigação do solo com PBZ @ 10 g/árvore durante julho + pulverização foliar de KNO3 @ 4% em outubro + Ca(NO3)2 @ 2% em novembro durante o 1st ano e pinchamento em julho + aplicação foliar de KNO3 @ 4% em setembro + irrigação do solo com PBZ @ 10 g/árvore em outubro + pulverização foliar de NAA @ 200 ppm na fase de grão durante o 2nd ano.

Gowda et al. (2022) efectuaram uma experiência sobre a pulverização foliar de diferentes fontes de potássio, nomeadamente sulfato de potássio, nitrato de potássio, citrato de potássio e fosfato monopotássico, aplicados a 1,5 % e 3 %, nas características de floração e frutificação da oliveira Picual. Os resultados mostraram que o nitrato de potássio a 3N % apresentou o maior comprimento de inflorescências (2,81 e 2,88 cm), as maiores percentagens de flores perfeitas (55,46% e 60,41%), a maior razão sexual de 2,93% e 3,94%, e o maior número de flores/inflorescências de 13,58 e 14,87 foram registados com a aplicação foliar de fosfato monopotássico a 3% durante as épocas de 2018 e 2019, respetivamente. O potássio é crucial para a absorção de dióxido de carbono e para a capacidade fotossintética global das oliveiras, o efeito de estimulação dos nutrientes potássicos causou uma melhoria nos parâmetros de floração e na fotossíntese, o que, sem dúvida, teve um impacto positivo tanto no crescimento vegetativo como nas características de floração.

2.2 Parâmetros dos frutos

2.2.1 Efeito de diferentes tratamentos químicos nos parâmetros dos frutos:

Oosthuyse (1996) afirmou que as pulverizações de KNO_3 (4%) mostraram um aumento na retenção de frutos quando administradas uma ou duas vezes durante o período de floração. Nunez (1985) experimentou a decapitação e a pulverização d e nitrato de potássio no comportamento da floração e da frutificação das mangas 'Haden' e 'Manila', respetivamente. A decapitação + pulverização com KNO_3 resultou numa intenção máxima de frutificação (11-18% e 5%), respetivamente, para ambas as cultivares. Kumar e Reddy (2008) fizeram uma experiência com diferentes produtos químicos, nomeadamente ácido ortofosfórico (H_3 PO_4), di-hidrogenofosfato de potássio (KH_2 PO_4), hidrogenofosfato dipotássico (K HPO_{24}), nitrato de cálcio (Ca (NO $)_{32}$) e ácido salicílico (SA) na manga da cultivar Baneshan. Os resultados revelaram que a pulverização de ácido ortofosfórico a 0,5% resultou num número significativamente maior de frutos por árvore (72,3), e a pulverização de K HPO_{24} a 1% resultou num peso máximo de frutos (330,66).Gill e Bal (2009) investigaram a pulverização de NAA (20, 30, ou 40 ppm), KNO_3 (0.5, 1.0, ou 1.5%), e $ZnSO_4$ (0.3, 0.4, ou 0.5%) durante a última semana de outubro e mais uma pulverização foi feita na última semana de novembro na baga cv. Sanaur-2. A pulverização de KNO3 (1,5%) aumentou o comprimento do fruto (4,71 cm), a largura do fruto (3,09cm) e o peso do fruto (24,0g). Nahar et al. (2010) fizeram experiências com os efeitos de $KClO_3$, KNO_3, e ureia nos parâmetros de floração e frutificação de mangas 'Amrapali' com 9 anos de idade e longan 'Malaysian' com 6 anos de idade. Os resultados mostraram que a pulverização de KNO_3 a 4% na manga resultou na maior frutificação por panícula (21,67), no número máximo de frutos por planta (581,00), no fruto mais comprido (9,50 cm) e no fruto mais largo (6,48 cm) na manga, enquanto a pulverização de $KClO_3$ na longan produziu a maior frutificação por panícula (20.33), o número máximo de frutos por planta (83,17), o fruto mais longo (2,46 cm) e o fruto mais largo (2,43 cm).Sarrwy et al. (2012) estudaram o efeito da pulverização com ácido bórico e nitrato de cálcio na tamareira da cultivar Amhat sobre a frutificação, o rendimento e a qualidade dos frutos em Giza, Egipto. Registou-se um aumento significativo na percentagem de frutificação (79%) quando o nitrato de cálcio (2%) foi aplicado em combinação com ácido bórico 500ppm. Além disso, a percentagem de retenção de frutos foi mais elevada na combinação acima referida (56 e 56,67 nas duas estações, respetivamente). O aumento da percentagem de retenção de frutos deve-se principalmente à formação da camada de lenhina e à prevenção da camada de abscisão na região do pedículo.

Sudha et al. (2012) fizeram uma experiência num pomar de mangueiras Alphonso com 25 anos de idade no Horticultural College and Research Institute, em Coimbatore, durante o período de 2010-2011, com diferentes produtos químicos azotados, nomeadamente ureia, KNO_3 , $CaNO_3$, NH_4 NO_3 em várias concentrações. Os resultados foram significativos e o KNO_3 (2%) mostrou uma frutificação máxima (17,0%) e um número máximo de frutos (146 por árvore). O uso de KNO_3 foi considerado melhor em termos de desempenho em comparação com o uso de $CaNO_3$ e NH_4 NO_3 .

Sarker e Rahim (2013) concluíram, com a aplicação foliar de nitrato de potássio

(4%, 6% e 8%) e ureia (2% e 4%) em manga cv. Amrapali que 6% KNO_3 spray deu o número máximo de frutos por panícula (19,87), o maior número de retenção de frutos por panícula, e 4% KNO_3 spray teve o maior número de frutos por planta (136,67). Yeshitela et al., (2005) fizeram experiências num pomar de mangueiras da variedade Tommy Atkins, com dez anos de idade, na Etiópia, para estudar os efeitos de diferentes concentrações de potássio (2% KNO_3 , 4% KNO_3) e combinações de ureia (2% KNO_3 + 0,5g de ureia, 2% KNO_3 + 1g de ureia, 4% KNO_3 + 0,5g de ureia, 4% KNO_3 + 1g de ureia) pulverizadas na floração e na produção. O número médio de frutos por 20 panículas foi mais elevado (12,17) com 2% KNO_3 + 1g de ureia, seguido de 4% KNO_3 + 1g de ureia (11,17).Shukla e Bisen (2021) fizeram experiências em goiabeiras de quatro anos cv. Allahabad safeda com várias intensidades de poda (0%, 10%, 20%, 30%) e pulverizações de nitrato de potássio (1%, 2% e 3%) na última semana de julho. A pulverização única de KNO_3 (3%) em 24 de julho, juntamente com um par de podas foliares, observou o maior peso de frutos (180,18 g) e o comprimento máximo de frutos (6,87 cm).Thirupathi e Ghosh (2015) descobriram que a pulverização de KNO_3 e K_2 SO_4 interação com diferentes variedades de romã em Bassein sem sementes aumentou o número de frutos/planta (43,66), o teor máximo de suco total (54,126%), que é principalmente devido à melhoria da qualidade associada à absorção de K pela planta.

Amarchouli et al. (2016) relataram que a aplicação foliar de KNO_3 1% mostrou a percentagem máxima de frutificação (0,21%), a percentagem de retenção de frutos (20,45%), o maior número de frutos por panícula (2,10) seguido de KH_2 PO_4 (0,5%) e Ethrel (200ppm). A experiência foi realizada num pomar de mangueiras 'Kesar' com 8 anos de idade na quinta de Horticultura, Universidade Agrícola de Navsari, distrito de Bharuch, Gujarat. Patel et al. (2016) investigaram o efeito da aplicação foliar de produtos químicos nos parâmetros de crescimento, floração e fruto da manga. Os produtos químicos consistiram em várias concentrações de KNO_3 e tioureia pulverizados em 15th outubro e 15th novembro. A pulverização de KNO_3 (1%) + 1% de tioureia durante 15th outubro conduziu ao número máximo de frutos no estádio de ervilha (14,56), à percentagem máxima de frutos no estádio de mármore (3,51) e no estádio de maturação (3,51), e à percentagem mais elevada de retenção de frutos (25,20). Isto deveu-se principalmente ao efeito sinérgico produzido pelos iões de potássio e azoto da pulverização foliar.Sharma et al. (2016) experimentaram vários produtos químicos viz, Ureia (T1: 1%, T2: 1,5%, e T3: 2%), KNO_3 (T4: 1%, T5: 1,5% e T6: 2%), mistura de micronutrientes grau 4 (T7: 1%, T8: 1,5% e T9: 2%) para estudar o seu efeito nos parâmetros de fruto e rendimento da sapota cv. Kalipatti. A pulverização de KNO_3 (1,5%) mostrou a percentagem máxima de retenção de frutos (25,02%), o número máximo de frutos por árvore (431,67), o comprimento máximo dos frutos (62,64 mm), a largura máxima dos frutos (62,92 mm) e o volume máximo dos frutos (102,56 cc). Patolia et al. (2017), experimentaram a manga Dashehari com várias concentrações de ureia (1, 1,5 e 2%), KNO3 (1 e 2%), novo fertilizante líquido orgânico (1 e 2%) e ethephon 200 mg / l pulverizado duas vezes em intervalos de 15 dias de outubro e novembro. Os resultados mostraram que o KNO_3 (2%) produziu o número máximo de frutos por árvore (194,34) e o peso máximo de frutos (170,19g).Vijay et al. (2017) estudaram o impacto do rendimento e da qualidade na pulverização foliar de potássio viz., nitrato de potássio (2% e 4%), sulfato de potássio (1,5% e 3%) em laranja doce cv. Jaffa. O KNO_3 (2%) resultou numa percentagem máxima de frutos (34,42%) e numa acidez máxima (1,26%).Lakshmi e Guntupalli (2018) realizaram uma investigação sobre os efeitos dos tratamentos pré-colheita para prolongar a vida pós-colheita da manga na Estação de Investigação da Manga, Nuzvid, Andhra Pradesh. A cultivar de manga com 7 anos de idade é da variedade Kesar. Os tratamentos consistiram na aplicação foliar de 2% de $CaCl_2$ .6H_2 O, 4% de $CaCl_2$ .6H_2 O, 2% de Ca(NO)$_{32}$, 4% de Ca(NO)$_{32}$, 1% de K_2 SO_4 , 2% de K_2 SO_4 , 2% de Borax e 3% de Borax.

O peso máximo dos frutos foi observado com 3% de bórax, seguido de 2% de bórax e 2% de K_2SO_4. . Além disso, o peso dos frutos após 15 dias de colheita também foi maior com 2% de K_2SO_4 . Os compostos de potássio desempenham um papel importante na melhoria da qualidade e do prazo de validade dos frutos. Gowda et al. (2022) investigaram a pulverização foliar de diferentes fontes de potássio, nomeadamente sulfato de potássio, nitrato de potássio, citrato de potássio e fosfato monopotássico, aplicados a 1,5 % e 3 %, nas características de floração e frutificação da oliveira Picual. A pulverização de nitrato de potássio a 3% mostrou uma frutificação inicial e final de (11,98 e 12,61 e 2,82 e 2,88 %, respetivamente) durante as épocas de 2018 a 19. Mahorkar et al. (2022) investigaram várias pulverizações de produtos químicos foliares, nomeadamente, 1% e 2% de $CaCl_2$, 1% e 2% de $CaNo_3$, e 1% e 2% de KNO_3 aos 60 e 90 dias após a frutificação para estudar a qualidade física da anona cv. Balanagar, num esquema de blocos aleatórios factoriais. Os resultados mostraram que o volume máximo do fruto (212,37 cc), a percentagem máxima de polpa do fruto (42,09%), o comprimento máximo do fruto (7,16 cm) e a largura máxima do fruto (8,71 cm) da combinação de tratamentos com KNO_3 (2%) aos 60 e 90 dias após a frutificação.

2.3 Parâmetros de rendimento

2.3.1 Efeito de diferentes tratamentos químicos nos parâmetros de rendimento:

Oosthuyse (1991) referiu que a aplicação de KNO_3 aumenta potencialmente a retenção de frutos, o peso médio dos frutos e a produção, o que contribui para maiores rendimentos monetários.

Nunez (1985) experimentou a decapitação e a pulverização com nitrato de potássio no comportamento da floração e da frutificação das mangas 'Haden' e 'Manila', respetivamente. Os frutos colhidos na última semana de junho revelaram um aumento do peso médio dos frutos para a pulverização com KNO_3 e para o tratamento com decapitação.

Mostafa e Saleh (2006) fizeram experiências com tangerineiras Balady de 10 anos de idade, em condições de solo salino, com aplicação de produtos químicos de cintagem e de potássio, nomeadamente nitrato de potássio a 1 ou 2% ou hidrogenofosfato de di-potássio. Os resultados mostraram que as pulverizações de girdling + 2% KNO_3 no início de abril e em meados de junho resultaram num rendimento máximo por árvore (65,0 kg) e num número máximo de frutos por árvore (412). Nahar et al. (2010) relataram, com base nas experiências de $KClO_3$, KNO_3, e ureia nos parâmetros de floração e frutificação de mangas 'Amrapali' com 9 anos de idade, que a pulverização de KNO_3 a 4% deu o fruto mais pesado (138,60 g) e o rendimento máximo por planta (78,18 kg por planta) em manga, respetivamente.

Sarrwy et al. (2012) investigaram diferentes pulverizações de ácido bórico e nitrato de cálcio, incluindo o seu efeito combinado, em tamareiras cv. Amhat com 40 anos de idade. Os resultados mostraram que o ácido bórico 500 ppm combinado com nitrato de cálcio (2%) resultou num aumento significativo do peso individual do cacho (78 e 79% nas duas épocas, respetivamente). O impacto positivo deve-se principalmente ao efeito sinérgico do B e do Ca nas regiões de crescimento ativo e nas regiões de desenvolvimento dos gomos.

Yeshitela et. al. (2005) efectuaram uma experiência em mangueiras Tommy Atkins com diferentes concentrações de potássio (2% KNO_3 , 4% KNO_3) e combinações de ureia (2% KNO_3 + 0,5g ureia, 2% KNO_3 + 1g ureia, 4% KNO_3 + 0.5g de ureia, 4% KNO_3 + 1g de ureia) sobre a floração e a produção concluíram que a aplicação de 2% KNO_3 aumentou distintamente o peso médio dos frutos (403g) seguido de 2% KNO_3 + 0,5g de ureia (383g). O peso total dos frutos por árvore foi mais elevado com 2% KNO_3 + 0,5 g de ureia (89,26 kg) seguido de 2% KNO_3 + 0,5 g de ureia (88,86 kg). O aumento da quantidade de atributos deve-se à suplementação de azoto através de KNO_3 e ureia. Amarchouli et al. (2016) investigaram várias aplicações de produtos químicos, i.e, KNO_3 (0.5%, 1%, 1.5%), Cycocel (50ppm, 100ppm, 150ppm), Ethrel

(100ppm, 200ppm, 300ppm) e KH_2 PO_4 (0.5%, 1.0%, 1.5%) em mangueiras 'Kesar' com 8 anos de idade, na quinta de horticultura do distrito de Bharuch da Universidade Agrícola de Navsari, Gujarat, que 1% de KNO_3 produziu o número máximo de frutos (276,00) por árvore e também o rendimento total de frutos (11,30 t/ha). Este obstáculo à produção deve-se à absorção de potássio através da aplicação foliar, que promove o crescimento dos frutos estabelecidos e aumenta a retenção de frutos Sudha et al. (2012) referiram que o KNO_3 (2%) proporcionou uma produção de frutos de 43,8 kg por árvore, com 146 frutos por árvore, entre todos os outros produtos químicos azotados, nomeadamente a ureia, o $CaNO_3$, e o NH_4 NO_3 de várias concentrações. A experiência foi realizada em mangueiras Alphonso com 25 anos de idade no Horticultural College and Research Institute, Coimbatore, durante o período de 2010-2011. A pulverização química foi efectuada duas vezes num intervalo de 15 dias, de 15th de novembro a 30th de dezembro. Sarker & Rahim (2013) investigaram a aplicação foliar de nitrato de potássio (4%, 6% e 8%) e ureia (2% e 4%) em manga cv. Amrapalli. Amrapalli. As plantas tratadas com KNO_3 a 4% deram um rendimento máximo (23,14 kg/planta) em comparação com o resto dos tratamentos.Jogdand e Garad (2014) experimentaram vários produtos químicos de potássio e ureia no rendimento e qualidade da manga cv. Keshar. O tratamento com KH_2 PO_4 1% + KNO_3 1% resultou no maior número de frutos por árvore (540,90) e rendimento de frutos (151,10 kg/árvore e 15,11 t/ha) entre os vários produtos químicos utilizados. Em comparação com o controlo, a pulverização de KH_2 PO_4 1% + Thiourea 1% resultou numa maturação precoce dos frutos (115,46 dias). Thirupathi e Ghosh (2015) descobriram que a pulverização de KNO_3 e K_2 SO_4 interação com diferentes variedades de romã em Bassein sem sementes mostrou o maior rendimento (9,08 kg / planta) e maior peso médio de frutos (255 g). Patel et al. (2016) investigaram o efeito da aplicação foliar de produtos químicos nos parâmetros de crescimento, floração e frutos da manga. Os produtos químicos consistiram em várias concentrações de

KNO_3 e tioureia pulverizados em 15th outubro e 15th novembro. Os resultados mostraram que 1% de KNO_3 + 1% de pulverização de tioureia deu o número máximo de frutos por árvore (281,30) e o rendimento máximo (77,02 kg por árvore).Sharma et al. (2016) experimentaram vários produtos químicos viz, Ureia (T1: 1%, T2: 1,5%, e T3: 2%), KNO3 (T4: 1%, T5: 1,5% e T6: 2%), mistura de micronutrientes grau 4 (T7: 1%, T8: 1,5% e T9: 2%) para estudar o seu efeito nos parâmetros de fruto e rendimento em sapota cv. Kalipatti. $_3$Shukla e Bisen (2021) fizeram experiências em goiabeiras de quatro anos cv. Allahabad safeda com várias intensidades de poda (0%, 10%, 20%, 30%) e pulverizações de nitrato de potássio (1%, 2% e 3%) na última semana de julho. KNO_3 3% em pulverização única a 24 de julho, juntamente com 1 par de podas foliares, observou o rendimento (8,74 kg/planta) e o maior peso de fruto (180,18 g), o que se deve principalmente à melhoria da fotossíntese, que permitiu um maior fornecimento de hidratos de carbono, em linha com a taxa acelerada de divisão e expansão celular, a administração de potássio pode ter aumentado o peso do fruto. Davarpanah et al. (2017) fizeram experiências com a aplicação foliar de fósforo, potássio e ferro nas propriedades químicas da romã 'Malas-e-Saveh'. A mistura de fosfato mono potássico (KH_2 PO_4) e fosfato di-potássico (K HPO_{24}) na proporção de 1:3, [MDKP] + Fe resultou na maior quantidade de rendimento (12,63 e 16,53 kg por árvore) e no número máximo de frutos por árvore (44 e 53 por árvore).Patolia et al. (2017), experimentaram na manga Dashehari com várias concentrações de ureia (1, 1,5 e 2%), KNO_3 (1 e 2%), novo fertilizante líquido orgânico (1 e 2%) e ethephon 200 mg / l pulverizado duas vezes em 15 dias intervalo de outubro e novembro. Os resultados mostraram que o KNO_3 (2%) deu o rendimento máximo (32,49 kg/árvore).

Saha et al. (2017) concluíram que, com base nas experiências realizadas com vários produtos químicos potássicos na frutificação e no rendimento da manga, KH_2 PO_4 1% + KNO_3 1% produziu o peso médio máximo dos frutos (510,67). Vijay et al. (2017) estudaram o impacto do rendimento e da qualidade na pulverização foliar de potássio viz., nitrato de potássio (2% e 4%), sulfato de potássio (1,5% e 3%) em laranja doce cv. Jaffa. O rendimento máximo (74,76 kg por árvore) foi registado com a pulverização de 4% de KNO_3 , o que se deve principalmente ao aumento da reserva de energia na planta devido à pulverização foliar de potássio. Gowda et al. (2022) investigaram a pulverização foliar de diferentes fontes de potássio, nomeadamente sulfato de potássio, nitrato de potássio, citrato de potássio e fosfato monopotássico, aplicados a 1,5 % e 3 %, nas características de floração e frutificação da oliveira Picual. Os resultados revelaram que o KNO_3 (3%) produziu significativamente o maior rendimento de frutos (18,11 e 29,92 kg por árvore) durante as estações 2018 - 19, respetivamente. A importação de assimilados da fonte para os frutos é possibilitada pela função do potássio na fotossíntese e no controlo da osmose, o que, por sua vez, leva ao aumento do peso do fruto. Mahorkar et al. (2022) investigaram várias pulverizações de produtos químicos foliares, nomeadamente 1% e 2% de $CaCl_2$, 1% e 2% de $CaNo_3$, e 1% e 2% de KNO_3 aos 60 e 90 dias após a frutificação para estudar a qualidade física da anona cv. Balanagar, num sistema de blocos aleatórios factoriais. Os resultados mostraram que o peso máximo do fruto (244,80 g), a partir da combinação de tratamento de KNO_3 (2%) aos 60 e 90 dias após a frutificação. Malshe et al. (2022) relataram que a pulverização de K_2 SO_4 a 0,5% registrou o mínimo de dias da floração à colheita a partir da frutificação (86,8) seguido por KNO_3 a 2% (89,5) em um experimento conduzido em manga cv. Alphonso. As pulverizações de KNO_3 a 2% mostraram a percentagem máxima de retenção de frutos na colheita (8,05), o número máximo de frutos por árvore (127,0), o peso médio dos frutos (229,2 g) e a produção máxima de frutos (29,13 kg por árvore).

CAPÍTULO - III
MATERIAIS E MÉTODOS

A presente experiência, intitulada "Estudos sobre tratamentos químicos para induzir a floração da manga (Mangifera indica L.) cv. Kesar na região de Marathwada" foi realizada no pomar de mangueiras experimental e de investigação, no Departamento de Horticultura, Faculdade de Agricultura, Latur, VNMKV, Parbhani, durante o ano de 2022-23. Os pormenores relativos aos materiais utilizados e aos métodos adoptados durante o período de investigação e inquérito são descritos em diferentes rubricas deste capítulo.

3.1 Geral

3.1.1 Localização

A experiência foi realizada no campo de instrução e investigação na quinta de Horticultura, Departamento de Horticultura, Faculdade de Agricultura, Latur, Vasantrao Naik Krishi Marathwada Krishi Vidyapeeth, Parbhani, durante o ano de 2022-23. Latur é um dos distritos pertencentes à região de Marathwada, em Maharashtra. Geograficamente, Latur situa-se a uma altitude de 540 a 634 m acima do nível médio do mar (MSL), com coordenadas de 18°05' a 18°75' de latitude norte e longitude de 76°25' a 77°25' de leste.

3.1.2 Clima

A região tem um clima tropical a semi-árido com uma precipitação média anual de 840 mm. As temperaturas médias mínimas e máximas no local variam de 16,01°C a 31,36°C. As percentagens médias de humidade de manhã e à noite são de 80,09% e 44,59%, respetivamente. A precipitação registada durante o período de investigação foi de 676,5 mm. Os dados meteorológicos recolhidos no observatório meteorológico localizado na estação de investigação de sementes oleaginosas, Latur, durante todo o período de floração e desenvolvimento do fruto (junho de 2022 a maio de 2023) são apresentados no Anexo I.

3.2 Materiais

3.2.1 Sítio experimental

O terreno experimental era bastante uniforme e com o mesmo nível. O solo era preto médio, ligeiramente alcalino, com textura e cor uniformes e boa drenagem. A experiência foi conduzida num pomar saudável bem estabelecido de mangueiras com 10 anos de idade da variedade Kesar, com um espaçamento de 10m x 10m, o que é suficientemente bom para utilizar a interceção máxima da energia solar.

3.2.2 Detalhes experimentais:

Os pormenores experimentais são apresentados a seguir e o esquema é mostrado na Fig. 3.1.

1. Ano da experiência: 2022-23
2. Nome da cultura:Manga (Mangifera indica L.)
3. Família: Anacardiaceae
4. Variedade: Kesar
5. Idade do pomar:10 anos
6. Espaçamento entre plantas: 10m x 10m
7. Número de tratamentos10
8. Número de réplicas3
9. Número de árvores/replicações1
10. Desenho: Desenho de blocos aleatórios

11. Número total de árvores em experimentação: 30

Quadro 3.1: Pormenores do tratamento

N.º Sr.	Tratamentos	Detalhes do tratamento
1.	T1	KNO3 (1%)
2.	T2	KNO3(2%)
3.	T3	KNO3(3%)
4.	T4	KH2PO4 (0,5%)
5.	T5	KH2PO4 (1%)
6.	T6	KH2PO4 (1,5%)
7.	T7	Ca(NO3)2 (2%)
8.	T8	Ca(NO3)2 (4%)
9.	T9	Ca(NO3)2 (6%)
10.	T10	Controlo

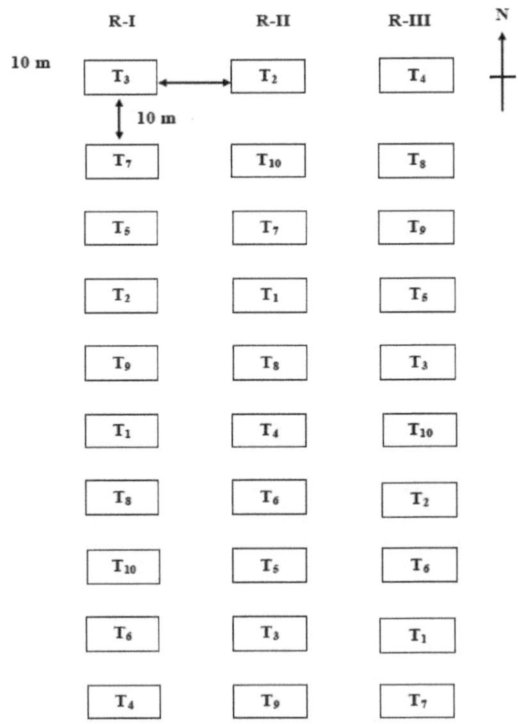

Fig. 3.1: Planta de implantação

3.3 Metodologia:

3.3.1 Práticas culturais:

3.3.1.1 Operações interculturais:

No caso das mangueiras com sete anos de idade, as operações interculturais começaram logo após a época de colheita anterior. O espaço entre as fileiras foi intercalado com a cultura de adubo verde dhaincha. As sementes foram semeadas durante a estação das chuvas (junho a julho) e foram incorporadas durante a fase de floração. Suprimiu o crescimento total de ervas daninhas e aumentou o teor de azoto total no solo. A aplicação de estrume foi feita de acordo com as recomendações viz., 1kg de N, 0,5 kg de P, e 0,5 kg de K. Meia dose de N e uma dose completa de P e K foram aplicadas durante o final de junho e a dose restante de N durante agosto. O NPK foi aplicado sob a forma de ureia, superfosfato simples e muriato de potássio, respetivamente.

3.3.1.2 Aplicação de tratamentos

A presente investigação foi efectuada num pomar de mangueiras experimental e de investigação no Departamento de Horticultura, Faculdade de Agricultura, Latur, VNMKV, Parbhani, durante o ano de 2022. A aplicação do tratamento foi efectuada num pomar de mangueiras Kesar com 7 anos de idade durante os meses de outubro e novembro. A concentração química em cada árvore foi misturada com 5 litros de água e pulverizada com a ajuda de um pulverizador acionado manualmente. A pulverização foi efectuada durante a manhã, quando não havia vento. Todas as práticas culturais e hortícolas foram seguidas de acordo com as recomendações.

3.3.1.3 Irrigação

A irrigação foi programada pelo método do anel com a ajuda de gotejadores para todas as árvores experimentais após a sessão de colheita anterior. A irrigação foi propositadamente restringida durante 2 a 3 meses antes do início da floração para evitar o crescimento vegetativo à custa da reserva de energia necessária para a floração. Isto cria um stress de humidade interna induzido que gradualmente força a árvore a quebrar os botões e resulta em fluxos florais.

3.3.1.4 Colheita

A colheita dos frutos foi efectuada no estádio de maturação completa. A maturidade dos frutos foi avaliada com base em meios visuais, utilizando a mudança de cor da casca, a mudança de cor do ombro, o método de cálculo e o estádio tapka. Durante o período experimental, a colheita foi efectuada em 3-4 ciclos periódicos com um intervalo de 15 dias.

3.3 Observações registadas

Todas as árvores experimentais foram numeradas com etiquetas. Todos os galhos sob observação para os parâmetros florais e frutíferos foram marcados com etiquetas numeradas. Os valores médios de cada caraterística foram calculados a partir dos dados recolhidos e estes valores foram submetidos a uma análise estatística. Os pormenores do procedimento de observação adotado para registar as observações são descritos a seguir.

3.4.1 Parâmetros da flor

3.4.1.1 Dias de emergência da panícula

A pulverização de produtos químicos foi efectuada em meados de outubro e em meados de novembro. A data de emergência da panícula foi observada através de uma visita diária ao pomar. Os dias de emergência da panícula foram calculados com base na data de emergência da panícula após a pulverização dos últimos tratamentos químicos durante os meses de outubro e novembro.

3.4.1.2 Número de panículas por árvore

Os ramos provenientes do tronco central foram marcados individualmente. O número total de panículas de cada ramo primário, secundário e terciário foi contado em cada repetição e o valor médio foi calculado.

3.4.1.3 Comprimento da panícula (cm)

O comprimento da panícula foi registado quando a panícula atingiu o seu comprimento máximo. O comprimento foi medido utilizando uma escala de medição desde a base da panícula até ao ápice da panícula. Para calcular o comprimento médio da panícula, foi efectuada uma média de 20 comprimentos de panícula por árvore.

3.4.2 Parâmetros dos frutos

3.4.2.1 Frutificação (%) no estádio de ervilha

Os frutos no estádio de ervilha têm um comprimento de 1 - 1,2 cm e um diâmetro de

0,80 - 0,85 cm foram contados e o valor médio foi avaliado. A frutificação (%) no estágio de ervilha foi calculada usando a fórmula

(Número de frutos no estádio de sorgo - Número de frutos caídos no estádio de ervilha)

Frutificação (%) no estádio de ervilha =x 100

Número de frutos no estádio de sorgo

3.4.2.2 Frutificação (%) no estádio de mármore

Frutos de tamanho mármore com 2,5 - 3,0 cm de comprimento e 1,6 - 1,7 cm de diâmetro foram contados individualmente em cada árvore e a média foi calculada.

A frutificação (%) no estádio de marmoreio foi calculada através da fórmula

(Número de frutos no estádio de sorgo - Número de frutos caídos no estádio de mármore)

Frutificação (%) no estádio de mármore =x 100

Número de frutos no estádio de sorgo

3.4.2.3 Frutificação (%) no estádio maduro

Frutos de tamanho maduro com 14,5 - 15,0 cm de comprimento e 9,5 - 10,0 cm de diâmetro foram observados em cada repetição e contados. O valor final é obtido através da média. A frutificação (%) no estágio maduro foi calculada usando a fórmula

(Número de frutos no estádio de sorgo - Número de frutos caídos no estádio maduro)

Frutificação (%) no estádio de maturação =x 100

Número de frutos no estádio de sorgo

3.4.2.4 Comprimento dos frutos (cm)

Cinco frutos de tamanho uniforme foram seleccionados ao acaso em cada tratamento para avaliação. Utilizou-se um paquímetro padrão Vernier para medir o comprimento dos frutos. A média dos valores observados foi calculada e expressa em cm.

3.4.2.5 Diâmetro dos frutos (mm)

O diâmetro dos frutos de cinco frutos seleccionados uniformemente de cada tratamento foi medido nas faces mais largas de cada fruto, utilizando um compasso de Vernier. O diâmetro médio é calculado a partir dos valores observados e expresso em mm.

3.4.2.6 Volume dos frutos (ml)

O volume de cinco frutos seleccionados aleatoriamente por tratamento foi registado individualmente pelo método de deslocamento de água. O valor médio foi calculado e expresso em ml.

3.4.3 Parâmetros de rendimento

3.4.3.1 Número de frutos por árvore

O número total de frutos colhidos em cada árvore em estudo foi contado e a média foi calculada.

3.4.3.2 Peso médio dos frutos (g)

Cinco frutos uniformemente seleccionados de cada tratamento foram pesados individualmente utilizando uma balança eletrónica e o valor médio foi calculado e expresso em g.

3.4.3.3 Produção de frutos por árvore (kg)

O peso dos frutos colhidos em cada colheita foi registado em cada árvore experimental. Os valores de cada colheita foram somados e registados como o rendimento final, expresso em kg/árvore.

3.4.3.4 Rendimento de frutos por hectare (t/ha)

O rendimento por hectare foi calculado multiplicando o valor do rendimento/árvore (kg) pelo número total de plantas/hectare e dividindo o resultado por 1000 e registado como rendimento por hectare em toneladas.

3.4.3.5 Sólidos solúveis totais (SST) (%)

Foram seleccionados cinco frutos de cada tratamento, uniformemente seleccionados, e foram retiradas 2-3 gotas de sumo de frutos, colocadas num prisma de medição e fixadas com a tampa do refratómetro manual, tendo o SST sido observado através da ocular. Os valores medidos foram expressos em %.

3.5 Análise estatística

A análise estatística dos dados relativos à floração, frutos e atributos de rendimento foi feita de acordo com o procedimento padrão dado para o Randomized Block Design por Panse e Sukhatme (1985).

CAPÍTULO - IV
RESULTADOS E DISCUSSÃO

Os resultados da presente experiência, intitulada "Estudos sobre tratamentos químicos para induzir a floração da manga (Mangifera indica L.) cv. Kesar na região de Marathwada", realizada no pomar experimental e de investigação da Faculdade de Agricultura de Latur, VNMKV, Parbhani, durante o ano de 2022-23, são apresentados neste capítulo com a ajuda dos quadros e das ilustrações necessárias. Os dados obtidos para vários parâmetros viz. parâmetros de flor, fruto e rendimento da manga utilizados para avaliação dos tratamentos foram analisados estatisticamente em Randomized Block Design (RBD) e a análise de variância para os dados foi fornecida na Tabela 4.1 a 4.14. Os resultados da experiência apresentados neste capítulo foram discutidos com tabelas nos locais apropriados e são discutidos neste capítulo sob títulos adequados com a literatura disponível.

4.1 Efeito de diferentes tratamentos químicos na floração da manga

Os dados registados mostraram claramente que os diferentes atributos de floração da mangueira viz, dias de emergência da panícula, número de panículas por árvore, comprimento da panícula (cm) foram significativamente influenciados pela aplicação de diferentes concentrações de KNO_3 , KH_2 PO_4 , e Ca(NO $)_{32}$ e foram apresentados nos respectivos quadros.

4.1.1. Dias de emergência da panícula

Os dados sobre o número de dias necessários para a iniciação da panícula foram apresentados na Tabela 4.1. Os dados indicaram uma redução significativa no número de dias necessários para a iniciação da panícula foi registada com o tratamento T_3 (45.33) KNO_3 @ 3% por árvore, que foi igual ao tratamento T_6

(47.00) KH_2PO_4 @ 1.5% e T KNO_{23} @ 2% por árvore (52.33) e é seguido pelo tratamento T_8 (58.33) Ca(NO $)_{32}$ @ 4% por árvore e T_5 (63.67) KH_2PO_4 @ 1% por árvore. O número máximo de dias (79,33) necessários para o início da panícula a partir da última pulverização foi registado no controlo (T_{10}).

Tabela 4.1: Efeito de diferentes tratamentos químicos no número de dias necessários para a iniciação da panícula

N.º de tratamento	Detalhes do tratamento	Dias de panícula emergência da última pulverização	Redução do controlo	% de redução em relação ao controlo
T1	KNO3 (1%)	68.00	11.33	14.29
T2	KNO3 (2%)	52.33	27.00	34.03
T3	KNO3 (3%)	45.33	34.00	42.86
T4	KH2PO4 (0,5%)	69.67	9.67	12.18
T5	KH2PO4 (1%)	63.67	15.67	19.75
T6	KH2PO4 (1,5%)	47.00	32.33	40.76
T7	Ca(NO3)2 (2%)	64.67	14.67	18.49
T8	Ca(NO3)2 (4%)	58.33	21.00	26.47
T9	Ca(NO3)2 (6%)	76.00	3.33	4.20
T10	Controlo	79.33	-	-
	SE (m) ±	2.63	-	-
	C.D. a 5%	7.59	-	-

A precocidade na emergência da panícula influenciada pelo nitrato de potássio deveu-se à quebra de dormência dos botões florais pelos nitratos (Trewavas, 1983). De acordo com Valmayor (1962), as concentrações internas de etileno aumentaram nos rebentos devido ao aumento da enzima formadora de etileno (EFE) nas folhas, principalmente devido à aplicação de KNO_3 . Os resultados obtidos foram semelhantes aos de Sudha et al. (2012) em manga Alphonso, Patel et al. (2016) em manga Kesar, Nahar et al. (2010), Sarker e Rahim (2013), e Kumar et al. (2004), Amarchouli et al. (2016). O KNO_3 está envolvido na formação de concentrações aumentadas de aminoácidos responsáveis pela quebra de dormência e início da floração devido à resposta do gatilho da formação de nitrogênio redutase.

4.1.2. Número de panículas por árvore

O número de panículas por árvore influenciado por diferentes concentrações de tratamentos químicos na mangueira foi apresentado na Tabela 4.2. Os dados mostraram que o número máximo de panículas por árvore de manga foi observado no tratamento T_3 (1208.67) KNO_3 @ 3% por árvore, que foi igual ao tratamento T_6 (1046.00) KH_2 PO_4 @ 1.5% e T_2 KNO_3 @ 2% por árvore (1017.33) e foram seguidos pelo tratamento T_8 (974.00) Ca(NO)$_{32}$ @ 4% por árvore e T_5 (958.33) KH_2 PO_4 @ 1% por árvore. O número mínimo de panículas por árvore (641,67) foi registado no controlo (T_{10}).

Quadro 4.2: Efeito de diferentes tratamentos químicos no número de panículas por árvore

Tratamento Não.	Tratamento pormenores	N.º de panículas por árvore	Aumento em controlo	% de aumento sobre o controlo
T1	KNO3 (1%)	865.33	223.67	34.86
T2	KNO3 (2%)	1017.33	375.67	58.55
T3	KNO3 (3%)	1208.67	567.00	88.36
T4	KH2PO4 (0,5%)	817.33	175.67	27.38
T5	KH2PO4 (1%)	958.33	316.67	49.35
T6	KH2PO4 (1,5%)	1046.00	404.33	63.01
T7	Ca(NO3)2 (2%)	925.00	283.33	44.16
T8	Ca(NO3)2 (4%)	974.00	332.33	51.79
T9	Ca(NO3)2 (6%)	708.67	67.00	10.44
T10	Controlo	641.67	-	-
	SE (m) ±	65.72	-	-
	C.D. a 5%	190.08	-	-

Os registos observados foram semelhantes aos resultados de Sudha et al. (2012) em manga Alphonso, Patel et al. (2016) em manga Kesar, Solanki et al. (2021),

Nahar et al. (2010), Yeshitela et. al., (2005), Sarker e Rahim (2013), Kumar et al. (2004) e Amarchouli et al. (2016). O KNO_3 tem normalmente um catião inorgânico abundante, o K^+ , que estaria diretamente envolvido no mecanismo de catalisação da redução do nitrato a amoníaco. O amoníaco, por sua vez, estaria envolvido na formação do aminoácido metionina, o precursor do etileno. O etileno é um fator importante para desencadear o mecanismo de floração (Swamy, 2012) e determinar o número de panículas formadas na árvore. A ativação de gemas quiescentes resulta na iniciação da panícula mediada por um aumento da quantidade de etileno endógeno. Embora um maior número de panículas possa proporcionar um maior rendimento de frutos, vários outros factores devem estar alinhados para que este potencial se concretize. A gestão adequada do pomar, incluindo a polinização adequada, o desbaste, a gestão dos nutrientes e o controlo das doenças, contribuem para alcançar o rendimento desejado.

4.1.3. Comprimento da panícula

O aumento do comprimento da panícula (cm) influenciado pelos diferentes tratamentos químicos na mangueira Kesar foi apresentado no Quadro 4.3.

Tabela 4.3: Efeito de diferentes tratamentos químicos no comprimento da panícula

Tratamento Não.	Tratamento pormenores	Comprimento do panícula (cm)	Aumento em controlo	% de aumento sobre o controlo
T1	KNO3 (1%)	29.22	3.55	13.85
T2	KNO3 (2%)	37.52	11.86	46.21
T3	KNO3 (3%)	41.11	15.45	60.20
T4	KH2PO4 (0,5%)	29.21	3.55	13.82
T5	KH2PO4 (1%)	34.37	8.70	33.91
T6	KH2PO4 (1,5%)	39.33	13.66	53.24
T7	Ca(NO3)2 (2%)	31.85	6.19	24.12
T8	Ca(NO3)2 (4%)	35.37	9.71	37.84
T9	Ca(NO3)2 (6%)	28.72	3.06	11.92
T10	Controlo	25.66	-	-
	SE (m) ±	1.93	-	-
	C.D. a 5%	5.58	-	-

Os dados indicam que houve uma diferença significativa no comprimento da panícula e o comprimento máximo da panícula foi observado no tratamento T_3 (41.11 cm) KNO_3 @ 3% por árvore, que estava a par com o tratamento T_6 (39.33 cm) KH_2 PO_4 @ 1.5% e T_2 KNO_3 @ 2% por árvore (37.52 cm) e foram seguidos pelo tratamento T_8 (35.37 cm) Ca(NO $)_{32}$ @ 4% por árvore e T_5 (34.37 cm) KH_2 PO_4 @ 1% por árvore. O menor comprimento da panícula (25,66 cm) foi registado no controlo (T_{10}). Nos presentes estudos, o nitrato de potássio e o ácido di-hidrogénio-ortofosfórico de potássio mostraram um efeito muito positivo no aumento do comprimento da panícula em comparação com o controlo. Os resultados acima obtidos estão associados a Sanyal et al. (1996), Kumar e Reddy (2008), Sudha et al. (2012), Patel et al. (2016), Babul e Rahim (2008), Sarker e Rahim (2013) e Kumar et al. (2004). O comprimento da panícula nas mangueiras pode dar uma ideia do potencial de produção de frutos, mas é importante notar que o comprimento da panícula é apenas um dos muitos factores que influenciam a produção de frutos. Uma panícula mais comprida com mais flores pode aumentar a probabilidade de ter um maior número de frutos potenciais. Uma maior densidade de flores pode potencialmente levar a uma maior probabilidade de polinização e frutificação bem sucedidas, que são críticas para o desenvolvimento dos frutos. O número de flores que se desenvolvem com sucesso em frutos depende de factores como a polinização, as condições meteorológicas e a saúde geral da árvore (Singh et al, 2014). Ao mesmo tempo, condições ambientais desfavoráveis de temperatura, humidade e disponibilidade de água durante o período de floração e frutificação podem levar à queda de flores e a uma frutificação deficiente, independentemente do comprimento da panícula.

4.2 Efeito de diferentes tratamentos químicos nos parâmetros dos frutos

Os dados relativos aos parâmetros de frutificação da mangueira Kesar viz, frutificação (%) na fase de ervilha, fase de mármore e fase madura, comprimento (cm), diâmetro (mm) e volume (ml) dos frutos foram significativamente influenciados pela aplicação de diferentes concentrações de KNO_3 , KH_2 PO_4 , e Ca(NO $)_{32}$ e foram apresentados nos respectivos quadros.

4.2.1. frutificação (%) no estádio de ervilha

Os dados apresentados na Tabela 4.4 mostraram diferenças significativas no número de frutos na fase de ervilha sob a influência de pulverizações químicas de várias concentrações de KNO_3 , KH_2 PO_4 , e Ca(NO $)_{32}$. Os resultados do presente estudo mostraram que houve um aumento significativo na quantidade de frutos fixados em percentagem na fase de ervilha em comparação com o controlo influenciado por pulverizações químicas na mangueira Kesar. A quantidade máxima de frutificação (%) foi observada no tratamento T_3 (14,22)

KNO_3 @ 3% por árvore, que foi igual ao tratamento T_6 (13.23) KH_2 PO_4 @ 1.5% e T_2 KNO_3 @ 2% por árvore (12.40) e foi seguido pelo tratamento T_8 (10.73) Ca(NO)32 @ 4% por árvore e T_5 (10.18) KH_2 PO_4 @ 1% por árvore. A frutificação mínima (%) na fase de ervilha (7,38) foi observada no controlo (T_{10}).

Tabela 4.4: Efeito de diferentes tratamentos químicos na frutificação (%) no estádio de ervilha

Tratamento Não.	Tratamento pormenores	Frutificação (%) em a fase da ervilha	Aumento em controlo	% de aumento sobre o controlo
T1	KNO3 (1%)	9.07	1.69	22.89
T2	KNO3 (2%)	12.40	5.01	67.90
T3	KNO3 (3%)	14.22	6.84	92.59
T4	KH2PO4 (0,5%)	8.42	1.03	13.99
T5	KH2PO4 (1%)	10.18	2.80	37.92
T6	KH2PO4 (1,5%)	13.23	5.84	79.14
T7	Ca(NO3)2 (2%)	9.57	2.19	29.62
T8	Ca(NO3)2 (4%)	10.73	3.343	45.28
T9	Ca(NO3)2 (6%)	8.02	0.64	8.67
T10	Controlo	7.38	-	-
	SE (m) ±	0.67	-	-
	C.D. a 5%	1.95	-	-

Nawadakar e Pandey (1982) relataram que a indução da floração por KNO_3 e KH_2 PO_4 se deve principalmente ao envolvimento de iões de fósforo e potássio no processo de diferenciação de botões de flores e frutos. Os resultados obtidos estão de acordo com Kumar et al. (2003), Yeshitela et al. (2005), Sharma et al. (2016), Sahar et al. (2017) e Malshe et al. (2022). Os componentes presentes no KNO_3 estão envolvidos no processo de indução de rebentos vegetativos em rebentos reprodutivos, ou seja, na emergência da panícula e, finalmente, na produção de flores (Lauchil et al. 2006).

4.2.2.Frutificação (%) na fase de mármore

Os dados apresentados na Tabela 4.5 mostraram diferenças significativas na frutificação (%) na fase de mármore influenciada por pulverizações químicas de várias concentrações de KNO_3 , KH_2 PO_4 , e Ca(NO)$_{32}$. Os resultados do presente estudo mostraram que houve um aumento significativo na frutificação (%) na fase de mármore em comparação com o controlo influenciado por pulverizações químicas na mangueira Kesar. A frutificação máxima (%) na fase de mármore foi observada no tratamento T3 (3,55) KNO3 @ 3% por árvore, que foi igual ao tratamento T6 (3.18) KH2 PO4 @ 1.5% e T2 KNO3 @ 2% por árvore (3.00) e foi seguido pelo tratamento T8 (2.61) Ca(NO)$_{32}$ @ 4% por árvore e T_5 (2.53) KH_2 PO_4 @ 1% por árvore. O mínimo de frutificação (%) na fase de mármore (1,93) foi registado no controlo (T_{10}).

Tabela 4.5: Efeito de diferentes tratamentos químicos na frutificação (%) no estádio de mármore

Tratamento Não.	Tratamento pormenores	Frutificação (%) em o palco de mármore	Aumento em controlo	% de aumento sobre o controlo
T1	KNO3 (1%)	2.23	0.30	15.74
T2	KNO3 (2%)	3.00	1.07	55.54
T3	KNO3 (3%)	3.55	1.62	84.26
T4	KH2PO4 (0,5%)	2.18	0.26	13.32
T5	KH2PO4 (1%)	2.53	0.61	31.49
T6	KH2PO4 (1,5%)	3.18	1.26	65.22
T7	Ca(NO3)2 (2%)	2.30	0.37	19.20
T8	Ca(NO3)2 (4%)	2.61	0.68	35.29
T9	Ca(NO3)2 (6%)	2.01	0.08	4.33
T10	Controlo	1.93	-	-
	SE (m) ±	0.26	-	-
	C.D. a 5%	0.74	-	-

Os resultados obtidos são semelhantes aos resultados obtidos por Nahar et al. (2010), Patolia et al. (2017), Yeshitela et. al. (2005), Sharma et al. (2016), Sahar et al. (2017) e Malshe et al. (2022). O potássio é necessário para manter a qualidade e a viabilidade ideais do pólen. Apoia a síntese de proteínas e enzimas cruciais para a germinação do pólen e o crescimento do tubo, que são pré-requisitos para uma fertilização e frutificação bem-sucedidas. A retenção de frutos na árvore até à fase de colheita é impulsionada pela pulverização foliar de produtos químicos contendo potássio.

4.2.3 Frutificação (%) no estádio maduro

Os dados apresentados no quadro 4.6 mostram diferenças significativas na frutificação (%) no estádio maduro sob a influência de pulverizações químicas de várias concentrações de KNO_3 , KH_2 PO_4 , e Ca(NO $)_{32}$.

Tabela 4.6: Efeito de diferentes tratamentos químicos na frutificação (%) no estádio maduro

Tratamento Não.	Tratamento pormenores	Frutificação (%) em a fase de maturidade	Aumentar sobre o controlo	Aumento em % sobre o controlo
T1	KNO3 (1%)	0.57	0.46	391.43
T2	KNO3 (2%)	0.79	0.67	575.01
T3	KNO3 (3%)	0.87	0.76	647.21
T4	KH2PO4 (0,5%)	0.42	0.30	260.00
T5	KH2PO4 (1%)	0.68	0.57	485.71
T6	KH2PO4 (1,5%)	0.81	0.69	593.73
T7	Ca(NO3)2 (2%)	0.60	0.49	417.14
T8	Ca(NO3)2 (4%)	0.73	0.61	522.86
T9	Ca(NO3)2 (6%)	0.33	0.21	180.00
T10	Controlo	0.12	-	-
	SE (m) ±	0.05	-	-
	C.D. a 5%	0.14	-	-

Os dados apresentados revelaram que a pulverização química foi melhor para aumentar a percentagem de frutificação na fase madura, em comparação com o controlo T_{10} . A percentagem máxima de frutificação na fase madura foi registada no tratamento T_3 (0.87) KNO_3 @ 3% por árvore, que foi igual ao tratamento T_6 (0.81) KH_2 PO_4 @ 1.5% e T_2 KNO_3 @ 2% por árvore (0.79) e foi seguido pelo tratamento T_8 (0.73) Ca(NO)$_{32}$ @ 4% por árvore e T_5 (0.68) KH_2 PO_4 @ 1% por árvore. A menor percentagem da percentagem de frutificação na fase madura (0,33) foi registada no controlo (T_{10}). Os resultados acima obtidos estão de acordo com Nahar et al. (2010), Patolia et al. (2017), Yeshitela et al. (2005), Sharma et al. (2016), Saha et al. (2017) e Malshe et al. (2022). Os iões de potássio estão envolvidos na regulação osmótica das células vegetais. No interior da célula, os iões K contribuem para o potencial osmótico, afectando o movimento da água e a pressão de turgor. A manutenção de uma pressão de turgor adequada é crucial para a expansão e divisão celular, factores que influenciam o desenvolvimento das flores e a retenção dos frutos. A insuficiência de potássio pode perturbar a capacidade da célula de manter a pressão de turgor, levando à abscisão do fruto.

4.2.4. Comprimento dos frutos (cm)

Os dados relativos ao comprimento dos frutos influenciados por diferentes concentrações de pulverizações químicas mostraram diferenças significativas, conforme apresentado no Quadro 4.7.

Tabela 4.7: Efeito de diferentes tratamentos químicos no comprimento dos frutos (cm)

Tratamento Não.	Tratamento pormenores	Comprimento do frutos (cm)	Aumento em controlo	% de aumento sobre o controlo
T1	KNO3 (1%)	7.55	0.76	11.14
T2	KNO3 (2%)	8.44	1.64	24.19
T3	KNO3 (3%)	9.02	2.22	32.73
T4	KH2PO4 (0,5%)	7.34	0.54	7.99
T5	KH2PO4 (1%)	7.84	1.05	15.46
T6	KH2PO4 (1,5%)	8.77	1.98	29.15
T7	Ca(NO3)2 (2%)	7.81	1.01	14.92
T8	Ca(NO3)2 (4%)	7.88	1.08	15.95
T9	Ca(NO3)2 (6%)	7.15	0.35	5.20
T10	Controlo	6.79	-	-
	SE (m) ±	0.39	-	-
	C.D. a 5%	1.12	-	-

No presente estudo, houve uma melhoria significativa no comprimento dos frutos em comparação com o controlo T_{10} . O maior comprimento dos frutos foi observado no tratamento T_3 (9.02 cm) KNO_3 @ 3% por árvore, que foi igual ao tratamento T_6 (8,77 cm) KH_2 PO_4 @ 1,5% e T_2 KNO_3 @ 2% por árvore (8,44 cm) e foi seguido pelo tratamento T_8 (7,88 cm) Ca(NO $)_{32}$ @ 4% por árvore e T_5 (7,84 cm) KH_2 PO_4 @ 1% por árvore. O menor comprimento dos frutos (6,79 cm) foi registado no controlo (T_{10}). O equilíbrio das hormonas estimulantes do crescimento, como as auxinas e as citocininas, é regulado pelo potássio. Estas hormonas têm um impacto sobre a diferenciação, o alongamento e a divisão das células, que são essenciais para o crescimento dos frutos. O azoto do nitrato de potássio pode favorecer o desenvolvimento da clorofila e da fotossíntese, o que aumenta a síntese de hidratos de carbono. Os frutos necessitam de hidratos de carbono para se expandirem e desenvolverem. Os resultados acima referidos estão de acordo com Gill e Bal (2009), Shukla e Bisen (2021), Sharma et al. (2016), Mahorkar et al. (2022), Nahar et al. (2010) e Dutta (2004) em goiaba. O potássio está envolvido na translocação de açúcares e nutrientes da fonte para o sumidouro (por exemplo, das folhas para os frutos), o que pode contribuir para um melhor crescimento dos frutos.

4.2.5. Diâmetro dos frutos (mm)

É evidente a partir dos dados apresentados na Tabela 4.8 que houve um aumento significativo no diâmetro do fruto sob diferentes concentrações de produtos químicos.

O presente estudo mostrou que as diferentes concentrações de pulverizações químicas aumentaram significativamente o diâmetro do fruto em comparação com o controlo T_{10} . O diâmetro máximo do fruto foi registado significativamente no tratamento T_3 (81.33 mm) KNO_3 @ 3% por árvore, que estava a par com o tratamento T_6 (76.60 mm) KH_2 PO_4 @ 1.5% e T_2 KNO_3 @ 2% por árvore (72.99 mm) e foram seguidos pelo tratamento T_8 (71.29 mm) Ca(NO)$_{32}$ @ 4% por árvore e T_5 (70.87 mm) KH_2 PO_4 @ 1% por árvore. O menor diâmetro dos frutos (60,70 mm) foi registado no controlo (T_{10}). O potássio é necessário para manter a pressão de turgor nas células das plantas a um nível saudável. O desenvolvimento global de um fruto é favorecido por níveis adequados de potássio, que promovem a proliferação celular e preservam a integridade estrutural das células. O potássio ajuda a regular o movimento da água e dos nutrientes no interior da planta. Esta regulação osmótica é vital para manter o equilíbrio de água e nutrientes entre as diferentes partes da planta, incluindo os frutos em desenvolvimento. Os resultados acima mencionados estão de acordo com Gill e Bal (2009), Shukla e Bisen (2021), Sharma et al. (2016), Mahorkar et al. (2022), Nahar et al. (2010) e Dutta (2004) em goiaba.

Tabela 4.8: Efeito de diferentes tratamentos químicos no diâmetro dos frutos (mm)

N.º de tratamento	Detalhes do tratamento	Diâmetro de os frutos (mm)	Aumento do controlo	% Aumento em relação ao controlo
T1	KNO3 (1%)	66.80	6.10	10.05
T2	KNO3 (2%)	72.99	12.29	20.24
T3	KNO3 (3%)	81.33	20.63	33.99
T4	KH2PO4 (0,5%)	66.29	5.59	9.20
T5	KH2PO4 (1%)	70.87	10.17	16.75
T6	KH2PO4 (1,5%)	76.60	15.90	26.19
T7	Ca(NO3)2 (2%)	69.83	9.13	15.05
T8	Ca(NO3)2 (4%)	71.29	10.59	17.45
T9	Ca(NO3)2 (6%)	63.54	2.84	4.68
T10	Controlo	60.70	-	-
	SE (m) ±	3.45	-	-
	C.D. a 5%	9.99	-	-

4.2.6. Volume dos frutos (ml)

Os dados sobre o volume de frutos (ml) influenciados por diferentes concentrações de sprays químicos foram apresentados na Tabela 4.9. A leitura dos dados da Tabela 4.9 revelou que um volume máximo considerável de frutos foi observado no tratamento T_3 (290,42 ml) KNO_3 @ 3% por árvore, que foi igual ao tratamento T_6 (271.83 ml) KH_2 PO_4 @ 1.5% e T_2 KNO_3 @ 2% por árvore (258.73 ml) e foram seguidos pelo tratamento T_8 (250.83 ml) Ca(NO $)_{32}$ @ 4% por árvore e T_5 (248.13 ml) KH_2 PO_4 @ 1% por árvore. O volume mínimo de frutos (225,56 ml) foi registado no controlo (T_{10}).

Tabela 4.9: Efeito de diferentes tratamentos químicos no volume dos frutos (ml)

Tratamento Não.	Tratamento pormenores	Volume do frutos (ml)	Aumento em controlo	% de aumento sobre o controlo
T1	KNO_3 (1%)	234.20	8.64	3.83
T2	KNO_3 (2%)	258.73	33.167	14.70
T3	KNO_3 (3%)	290.42	64.86	28.75
T4	KH_2PO_4 (0,5%)	233.00	7.44	3.30
T5	KH_2PO_4 (1%)	248.13	22.57	10.01
T6	KH_2PO_4 (1,5%)	271.83	46.27	20.51
T7	$Ca(NO_3)_2$ (2%)	238.52	12.96	5.744
T8	$Ca(NO_3)_2$ (4%)	250.83	25.27	11.20
T9	$Ca(NO_3)_2$ (6%)	228.85	3.29	1.46
T10	Controlo	225.56	-	-
	SE (m) ±	12.34	-	-
	C.D. a 5%	35.70	-	-

O potássio é um macronutriente essencial para o crescimento e desenvolvimento das plantas e desempenha um papel crucial no aumento do volume dos frutos através de vários processos fisiológicos como a regulação osmótica e a absorção de água, a divisão e expansão celular e a ativação enzimática. Embora o potássio em si não "encha" diretamente o fruto como um balão, influencia factores que contribuem para o aumento do tamanho do fruto. A regulação osmótica adequada apoia a absorção de água e nutrientes, levando à expansão e aumento das células. Isto pode resultar em células de fruto maiores e num aumento geral do tamanho do fruto. Os resultados obtidos acima estão de acordo com Patolia et al. (2017), Sharma et al. (2016) em goiaba e Mahorkar et al. (2022) em anona. O volume do fruto está diretamente relacionado com o seu tamanho e peso. Os frutos maiores e mais pesados contribuem geralmente mais para o rendimento global, tanto em termos de volume como de massa.

4.3. Efeito de diferentes tratamentos químicos nos parâmetros de rendimento

Os dados relativos aos parâmetros de rendimento da mangueira Kesar, nomeadamente o número de frutos por árvore, o peso médio dos frutos (g), o rendimento dos frutos por árvore (kg), o rendimento dos frutos por hectare (t/ha) e os sólidos solúveis totais (SST) (%) foram significativamente influenciados pela aplicação de diferentes concentrações de KNO_3 , KH_2 PO_4 , e Ca(NO)$_{32}$ e foram apresentados nos respectivos quadros.

Número de frutos por árvore

Os dados apresentados no Quadro 4.10 mostram diferenças significativas no número de frutos por árvore influenciados por pulverizações químicas foliares de várias concentrações de KNO_3 , KH_2 PO_4 , e Ca(NO)$_{32}$.

Quadro 4.10: Efeito de diferentes tratamentos químicos no número de frutos por árvore

Tratamento Não.	Tratamento pormenores	N.º de frutos por árvore	Aumento em controlo	% de aumento sobre o controlo
T1	KNO3 (1%)	210.00	34.67	19.77
T2	KNO3 (2%)	266.00	90.67	51.71
T3	KNO3 (3%)	290.67	115.33	65.78
T4	KH2PO4 (0,5%)	202.67	27.33	15.59
T5	KH2PO4 (1%)	239.00	63.67	36.31
T6	KH2PO4 (1,5%)	281.00	105.67	60.27
T7	Ca(NO3)2 (2%)	223.67	48.33	27.56
T8	Ca(NO3)2 (4%)	254.00	78.67	44.87
T9	Ca(NO3)2 (6%)	192.33	17.00	9.70
T10	Controlo	175.33	-	-
	SE (m) ±	11.59	-	-
	C.D. a 5%	33.52	-	-

Os resultados do presente estudo mostraram que houve um aumento significativo no número de frutos por árvore em comparação com o controlo (T_{10}) influenciado por pulverizações químicas na mangueira Kesar. O número máximo de frutos foi observado no tratamento T_3 (290,67) KNO_3 @ 3% por árvore, que foi igual ao tratamento T_6 (281,00) KH_2 PO_4 @ 1.5% e T_2 KNO_3 @ 2% por árvore (266.00) e foram seguidos pelo tratamento T_8 (254.00) Ca(NO $)_{32}$ @ 4% por árvore e T_5 (239.00) KH_2 PO_4 @ 1% por árvore. O número mínimo de frutos (175,33) foi registado no controlo (T_{10}). Os resultados obtidos são semelhantes aos resultados obtidos por Nahar et al. (2010), Patolia et al. (2017), Yeshitelaet. al. (2005), Sharma et al. (2016), Saha et al. (2017) e Malshe et al. (2022). O potássio contribui para a regulação osmótica e o equilíbrio da água nas células vegetais. A disponibilidade adequada de água é crucial para manter a pressão do turgor e garantir a expansão celular, que é essencial para o crescimento dos frutos. Níveis adequados de potássio previnem a queda de frutos induzida pelo stress hídrico e promovem o desenvolvimento geral dos frutos. Níveis elevados de potássio aumentam o transporte de hidratos de carbono dos tecidos de origem (como as folhas) para os tecidos de destino (como os frutos em desenvolvimento), fornecendo assim a energia necessária para o crescimento dos frutos.

Peso médio do fruto (g)

Os dados sobre o peso médio dos frutos (g) influenciado por várias concentrações de químicos pulverizados são apresentados no Quadro 4.11.

Tabela 4.11: Efeito de diferentes tratamentos químicos no peso médio dos frutos (g)

Tratamento Não.	Tratamento pormenores	Fruta média peso (g)	Aumento em controlo	% de aumento sobre o controlo
T1	KNO3 (1%)	206.07	28.66	16.15
T2	KNO3 (2%)	237.11	59.70	33.65
T3	KNO3 (3%)	265.23	87.82	49.50
T4	KH2PO4 (0,5%)	198.08	20.67	11.65
T5	KH2PO4 (1%)	217.87	40.46	22.80
T6	KH2PO4 (1,5%)	246.77	69.36	39.09
T7	Ca(NO3)2 (2%)	214.08	36.67	20.67
T8	Ca(NO3)2 (4%)	224.08	46.67	26.30
T9	Ca(NO3)2 (6%)	181.87	4.46	2.51
T10	Controlo	177.41	-	-
	SE (m) ±	12.23	-	-
	C.D. a 5%	35.38	-	-

Uma análise dos dados da Tabela 4.11 revelou que um aumento considerável no peso médio dos frutos (g) foi observado no tratamento T_3 (265,23 g) KNO_3 @ 3% por árvore, que estava a par com o tratamento T_6 (246.77 g) KH_2 PO_4 @ 1.5% e T_2 KNO_3 @ 2% por árvore (237.11 g) e foi seguido pelo tratamento T_8 (224.08 g) Ca(NO $)_{32}$ @ 4% por árvore e T_5 (217.87 g) KH_2 PO_4 @ 1% por árvore. O peso médio mínimo dos frutos (177,41 g) foi registado no controlo (T_{10}). As presentes conclusões estão de acordo com as experiências de Kumar e Reddy (2008), Nahar et al. (2010), Patolia et al. (2017), Yeshitela et al. (2005), Sharma et al. (2016), Saha et al. (2017) e Malshe et al. (2022). O aumento da fotossíntese, que garantiu um maior fornecimento de hidratos de carbono e acelerou a divisão e expansão celular, possivelmente contribuiu para um aumento do peso do fruto após a aplicação de potássio Meena et al. (2022). A maior mobilidade dos assimilados de potássio para os frutos em crescimento, que serviram como um potente sumidouro metabólico, é outro fator provável. O fornecimento adicional de azoto pelo KNO_3 pode aumentar ainda mais a eficácia dos processos metabólicos da árvore, resultando num maior crescimento da planta e, em última análise, num aumento do peso dos frutos.

Produção de frutos por árvore (kg)

Os dados sobre o rendimento médio por árvore (kg) influenciado por várias concentrações de pulverizações químicas são apresentados na Tabela 4.12. Uma leitura dos dados da Tabela 4.12 revelou que um rendimento médio significativo por árvore (kg) foi observado no tratamento T_3 (77.26 kg) KNO_3 @ 3% por árvore que estava a par com o tratamento T_6 (69.02 kg) KH_2 PO_4 @ 1.5% e foram seguidos pelo tratamento T_2 KNO_3 @ 2% por árvore (63.10 kg), T_8 (57.20) Ca(NO $)_{32}$ @ 4% por árvore e T_5 (51.79 kg) KH_2 PO_4 @ 1% por árvore. O rendimento médio mínimo por árvore (kg) (31,08) foi registado no controlo (T_{10}). Os resultados acima são semelhantes aos resultados obtidos por Sudha et al. (2012), Yeshitela et. al. (2005), Nahar et al. (2010), Amarchouli et al. (2016), Sarker e Rahim (2013), Jogdand e Garad (2014), Patel et al. (2016), Patolia et al. (2017), Saha et al. (2017), Vijay et al. (2017) e Malshe et al. (2022). Para ter uma boa produtividade na manga, é necessário ter níveis de nitrogênio foliar na faixa de 1,1-1,4% no momento da sincronização da floração (Davenport, 2007), enquanto no caso de baixos níveis de nitrogênio (<1,1%), o impacto é refletido negativamente na produtividade (Ramirez e Davenport, 2010). Os resíduos de azoto presentes na árvore são utilizados no fluxo vegetativo e são reduzidos nos níveis de azoto. A necessidade de potássio também aumenta na altura da floração e desempenha um papel crucial na retenção dos frutos ao longo das várias fases do seu desenvolvimento (Patel et al., 2016). A procura acima referida nos rebentos está a ser compensada através da aplicação foliar de nitrato de potássio, o que teve um impacto positivo no rendimento global da mangueira Kesar.

Tabela 4.12: Efeito de diferentes tratamentos químicos na produção de frutos por árvore (kg)

Tratamento Não.	Tratamento pormenores	Produção de frutos por árvore (kg)	Aumento em controlo	% de aumento sobre o controlo
T1	KNO3 (1%)	43.31	12.23	39.34
T2	KNO3 (2%)	63.10	32.02	103.02
T3	KNO3 (3%)	77.26	46.18	148.57
T4	KH2PO4 (0,5%)	40.27	9.19	29.55
T5	KH2PO4 (1%)	51.79	20.71	66.63
T6	KH2PO4 (1,5%)	69.02	37.94	122.06
T7	Ca(NO3)2 (2%)	47.87	16.79	54.01
T8	Ca(NO3)2 (4%)	57.20	26.12	84.03
T9	Ca(NO3)2 (6%)	34.99	3.91	12.56
T10	Controlo	31.08	-	-
	SE (m) ±	3.88	-	-
	C.D. a 5%	11.23	-	-

Rendimento de frutos por hectare (t/ha)

O presente estudo mostrou que as diferentes concentrações de pulverizações químicas aumentaram significativamente a produção de frutos por hectare (t/ha) em comparação com o controlo T_{10} . A produção máxima de frutos por hectare (t/ha) foi registada no tratamento T_3 (7,73) KNO_3 @ 3% por árvore, que foi igual ao tratamento T_6 (6.90) KH_2 PO_4 @ 1.5% e foi seguido pelo tratamento T_2 KNO_3 @ 2% por árvore (6.31), T_8 (5.72) Ca(NO $)_{32}$ @ 4% por árvore e T_5 (5.18) KH_2 PO_4 @ 1% por árvore. O rendimento mínimo de frutos por hectare (t/ha) (3,11) foi registado no controlo (T_{10}).

Quadro 4.13: Efeito de diferentes tratamentos químicos na produção de frutos por hectare (t/ha)

N.º de tratamento	Detalhes do tratamento	Rendimento de frutos por hectare (t/ha)	Aumento do controlo	% Aumento em relação ao controlo
T1	KNO3 (1%)	4.33	1.22	39.34
T2	KNO3 (2%)	6.31	3.20	103.02
T3	KNO3 (3%)	7.73	4.61	148.57
T4	KH2PO4 (0,5%)	4.03	0.92	29.55
T5	KH2PO4 (1%)	5.18	2.07	66.63
T6	KH2PO4 (1,5%)	6.90	3.79	122.05
T7	Ca(NO3)2 (2%)	4.79	1.68	54.01
T8	Ca(NO3)2 (4%)	5.72	2.61	84.03
T9	Ca(NO3)2 (6%)	3.50	0.39	12.56
T10	Controlo	3.11	-	-
	SE (m) ±	0.39	-	-
	C.D. a 5%	1.12	-	-

A produção global de frutos no pomar de mangueiras Kesar depende de vários factores, como o número de flores hermafroditas, a percentagem de frutificação, que é favorecida pela baixa temperatura e pelo fornecimento endógeno do etileno necessário, a redução dos níveis de queda dos frutos, o fornecimento regular de água durante as fases de desenvolvimento dos frutos e a compensação da procura de nutrientes produzida na árvore através da aplicação foliar e da aplicação no solo. Os presentes resultados estão de acordo com os estudos de Sudha et al. (2012), Yeshitela et al. (2005), Nahar et al. (2010), Amarchouli et al. (2016), Sarker e Rahim (2013), Jogdand e Garad (2014), Patel et al. (2016), Patolia et al. (2017), Saha et al. (2017), Vijay et al. (2017) e Malshe et al. (2022). É bem conhecido que a aplicação de N aumenta os níveis de citocinina, que têm impacto na extensibilidade da parede celular. Por conseguinte, parece aceitável propor que o azoto esteja envolvido, direta ou indiretamente, no desenvolvimento, na divisão e na síntese de novas células e tecidos, o que, por sua vez, conduziu a um aumento das características gerais de crescimento. A pulverização de produtos químicos azotados tem sempre um impacto positivo no aumento do número de frutos e do peso dos frutos, o que pode dever-se ao facto de envolverem o aumento do número de flores hermafroditas por panícula (Sudha et al, 2014). O ião de potássio K^+ do KNO_3 , o catião inorgânico mais prevalecente, é crucial para promover o desenvolvimento saudável da árvore e obter o máximo rendimento da mangueira Kesar.

Sólidos solúveis totais (SST) (%)

Os dados sobre os Sólidos Solúveis Totais (S.S.T.) (%) influenciados por várias concentrações de produtos químicos pulverizados são apresentados no Quadro 4.14.

Tabela 4.14: Efeito de diferentes tratamentos químicos nos sólidos solúveis totais (S.S.T.)

Tratamento Não.	Tratamento pormenores	Solúvel total Sólidos (T.S.S.) (%)	Aumentar sobre o controlo	% de aumento sobre o controlo
T1	KNO3 (1%)	17.36	1.71	10.93
T2	KNO3 (2%)	19.20	3.55	22.66
T3	KNO3 (3%)	21.71	6.06	38.72
T4	KH2PO4 (0,5%)	17.31	1.66	10.59
T5	KH2PO4 (1%)	18.02	2.7	15.12
T6	KH2PO4 (1,5%)	19.98	4.33	27.69
T7	Ca(NO3)2 (2%)	17.75	2.10	13.40
T8	Ca(NO3)2 (4%)	18.36	2.71	17.32
T9	Ca(NO3)2 (6%)	16.96	1.31	8.35
T10	Controlo	15.65	-	-
	SE (m) ±	1.05	-	-
	C.D. a 5%	3.05	-	-

Uma análise dos dados da Tabela 4.14 revelou que um máximo considerável de TSS (%) de frutas foi observado no tratamento T_3 (21.71 %) KNO_3 @ 3% por árvore, que estava a par com o tratamento T_6 (19.98 %) KH_2 PO_4 @ 1.5% e T_2

KNO_3 @ 2% por árvore (19.20 %) e foi seguido pelo tratamento T_8 (18.36 %) $Ca(NO)_{32}$ @ 4% por árvore e T_5 (18.02 %) KH_2 PO_4 @ 1% por árvore. O SST mínimo dos frutos (15,65 %) foi registado no controlo (T_{10}).

O aumento do TSS do tratamento T KNO_{33} @ 3% por árvore pode ser impulsionado pelo potássio, que desempenha um papel fundamental na translocação de açúcares, foto assimilados, hidrólise de polissacarídeos, conversão de ácido orgânico em açúcares solúveis e outros sólidos solúveis, juntamente com uma melhor solubilização de amido insolúvel e pectina presente na parede celular e na lamela média. Estes resultados são apoiados pelas conclusões de Patolia et al. (2017), Gill e Bal (2009) em Ber.

CAPÍTULO - V

RESUMO E CONCLUSÃO

A presente investigação, intitulada "Estudos sobre tratamentos químicos para induzir a floração da manga (Mangifera indica L.) cv. Kesar na região de Marathwada", realizado no pomar experimental e de investigação da Faculdade de Agricultura, Latur, VNMKV, Parbhani, durante o ano de 2022-23. O resumo e a conclusão dos estudos acima referidos foram apresentados neste capítulo. A experiência foi organizada em blocos aleatórios (RBD) com 10 tratamentos e 3 repetições. Os tratamentos de pulverização foliar de várias concentrações de tratamentos químicos são KNO_3 (1%, 2%, 3%), KH_2 PO_4 (0,5%, 1%, 1,5%), e Ca(NO $)_{32}$ (2%, 4%, 6%). Os resultados obtidos e discutidos no capítulo anterior estão resumidos abaixo.A experiência foi conduzida num pomar de mangas experimental e de investigação bem estabelecido com 10 anos de idade e um espaçamento de 10m x 10m localizado no Departamento de Horticultura, Faculdade de Agricultura, Latur, VNMKV, Parbhani durante o ano de 2022-23. Todas as práticas culturais e hortícolas foram seguidas de acordo com os requisitos. A poda dos ramos cruzados e dos ramos doentes foi efectuada durante a fase de repouso pós-colheita. As árvores experimentais receberam a dose recomendada de NPK para uma mangueira de 10 anos, ou seja, 1 kg de N, 0,5 kg de P e 0,5 kg de K. Metade da dose de N e uma dose completa de P e K foram aplicadas no final de junho de 2022 e a dose restante de N em agosto de 2022.

5.1 Parâmetros florais

5.1.1 Efeito de diferentes tratamentos químicos no número de dias necessários para a iniciação da panícula

O mínimo de dias de emergência da panícula (45,33, 42,86% de redução em relação ao controlo) foi observado no tratamento T_3 KNO_3 @ 3% por árvore, enquanto o número máximo de dias (76,00) para a iniciação da panícula foi registado no tratamento (T_{10}) controlo.

5.1.2 Efeito de diferentes tratamentos químicos no número de panículas por árvore

O número máximo de panículas por árvore (1208.67, 88.35% de aumento em relação ao controlo) foi observado no tratamento T_3 KNO_3 @ 3% por árvore enquanto que o número mínimo de panículas (641.67) foi observado no tratamento (T_{10}) controlo.

5.1.3 Efeito de diferentes tratamentos químicos no comprimento da panícula

O comprimento máximo da panícula (41,11 cm, 60,20% de aumento em relação ao controlo) foi observado no tratamento T_3 KNO_3 @ 3% por árvore, enquanto o comprimento mínimo da panícula (25,66 cm) foi observado no tratamento (T_{10}) controlo.

5.2 Parâmetros dos frutos

5.2.1 Efeito de diferentes tratamentos químicos na frutificação (%) no estádio de ervilha

A frutificação máxima (%) na fase de ervilha (14,22%, 92,59% de aumento em relação ao controlo) foi observada no tratamento T_3 KNO_3 @ 3% por árvore, enquanto a frutificação mínima (%) na fase de ervilha (7,38%) foi observada no tratamento (T_{10}) controlo.

5.2.2 Efeito de diferentes tratamentos químicos na frutificação (%) no estádio de mármore

A frutificação máxima (%) no estádio de mármore (3,55%, 84,26% de aumento em relação ao controlo) foi observada no tratamento T_3 KNO_3 @ 3% por árvore, enquanto a frutificação mínima (%) no estádio de mármore (1,93%) foi observada no tratamento (T_{10}) controlo.

5.2.3 Efeito de diferentes tratamentos químicos na frutificação (%) no estádio maduro

A frutificação máxima (%) na fase madura (0,87%, 647,21% de aumento em relação ao controlo) foi observada no tratamento T_3 KNO_3 @ 3% por árvore, enquanto a frutificação mínima (%) na fase madura (0,12%) foi observada no tratamento (T_{10}) controlo.

5.2.4 Efeito dos diferentes tratamentos químicos no comprimento dos frutos (cm)

O comprimento máximo do fruto (9,02 cm, 32,73% de aumento em relação ao controlo) foi observado no tratamento T_3 KNO_3 @ 3% por árvore, enquanto o comprimento mínimo do fruto (6,79 cm) foi observado no tratamento (T_{10}) controlo.

5.2.5 Efeito dos diferentes tratamentos químicos no diâmetro dos frutos (mm)

O diâmetro máximo do fruto (81,33 mm, 33,99% de aumento em relação ao controlo) foi observado no tratamento T_3 KNO_3 @ 3% por árvore, enquanto o diâmetro mínimo do fruto (60,70 mm) foi observado no tratamento (T_{10}) controlo.

5.2.6 Efeito dos diferentes tratamentos químicos no volume dos frutos (ml)

O volume máximo de frutos (290,42 ml, 28,75% de aumento em relação ao controlo) foi observado no tratamento T_3 KNO_3 @ 3% por árvore, enquanto o volume mínimo de frutos (ml) foi observado no tratamento (T_{10}) controlo.

5.3 Parâmetros de rendimento

5.3.1 Efeito de diferentes tratamentos químicos no número de frutos por árvore

O número máximo de frutos por árvore (290,67, 65,78% de aumento em relação ao controlo) foi observado no tratamento T_3 KNO_3 @ 3% por árvore, enquanto o número mínimo de frutos por árvore (175,33) foi observado no tratamento (T_{10}) controlo.

5.3.2 Efeito dos diferentes tratamentos químicos no peso médio dos frutos (g)

O peso máximo do fruto (265,23 g, 49,50% de aumento em relação ao controlo) foi observado no tratamento T_3 KNO_3 @ 3% por árvore, enquanto o peso mínimo do fruto (177,41 g) foi observado no tratamento (T_{10}) controlo.

5.3.3 Efeito dos diferentes tratamentos químicos na produção de frutos por árvore (kg)

O rendimento máximo de frutos por árvore (77,26 kg, 148,57% de aumento em relação ao controlo) foi observado no tratamento T_3 KNO_3 @ 3% por árvore, enquanto o rendimento mínimo de frutos por árvore (31,08 kg) foi observado no tratamento (T_{10}) controlo.

5.3.4 Efeito dos diferentes tratamentos químicos na produção de frutos por hectare (t/ha)

O rendimento máximo de frutos por hectare (7,73 t/ha, 148,57% de aumento em relação ao controlo) foi observado no tratamento T_3 KNO_3 @ 3% por árvore, enquanto o rendimento mínimo de frutos por hectare (3,11 t/ha) foi observado no tratamento (T_{10}) controlo.

5.3.5Efeito de diferentes tratamentos químicos nos sólidos solúveis totais (S.S.T.) (%)

O máximo de SST do fruto (21,71%, 38,72% de aumento em relação ao controlo) foi observado no tratamento T_3 KNO_3 @ 3% por árvore, enquanto o mínimo de SST do fruto (15,65%) foi registado no tratamento (T_{10}) controlo.

CONCLUSÃO

A avaliação crítica dos resultados do presente inquérito, baseada nos estudos sobre tratamentos químicos para induzir a floração da manga (Mangifera indica L.) cv. Kesar na região de Marathwada, podem concluir-se os seguintes resultados:

a) A flor, o fruto e os atributos de rendimento da mangueira Kesar na região de Marathwada foram significativamente influenciados pela aplicação foliar de várias concentrações de pulverização química.

b) A pulverização de KNO_3 @ 3% por árvore (T_3) teve um efeito significativamente superior nos atributos de flor, fruto e rendimento em relação a outras concentrações e pulverizações químicas. O tratamento foi muito semelhante ao tratamento T_6 KH_2 PO_4 @ 1,5% e T_2 KNO_3 @ 2% por árvore e foi seguido pelo tratamento T_8 $Ca(NO\ )_{32}$ @ 4% por árvore e T_5 KH_2 PO_4 @ 1% por árvore para a maioria das observações registadas.

Por conseguinte, pode concluir-se que a pulverização foliar de KNO_3 @ 3% por árvore, duas vezes durante a fase de pré-floração, ou seja, 1st de outubro e 1st de novembro, na mangueira com 10 anos de idade na região de Marathwada, foi benéfica e superior a várias outras pulverizações químicas. Também melhorou a qualidade dos frutos e a saúde geral da mangueira, para além dos atributos da flor, dos frutos e da produção. Além disso, vários outros factores como polinizadores adequados, condições meteorológicas, nutrientes e irrigação suficientes e condições ambientais, nomeadamente temperatura, humidade e disponibilidade de água durante o período de floração e frutificação, etc., desempenham um papel importante na floração e no desenvolvimento adequado dos frutos durante a fase de crescimento.

LITERATURA CITADA

Amarcholi, J. J., Singh, V., Sharma, K. M., Patel, R. J., Chaudhari, G. V., e Momin,

S. K. (2016). Influência de vários produtos químicos nas características de floração e frutificação de 'Kesar'Mango. Revista de Investigação em Ciências Agrárias, 7(1), 53-54.

Anónimo (2022a). APEDA, Ministério do Comércio e da Indústria, Governo da Índia.

Anónimo (2022b). Gabinete de Informação à Imprensa, Ministério da Agricultura e do Bem-Estar dos Agricultores. https://pib.gov.in/PressReleasePage.aspx?PRID=1841480.
Acedido em 11 de junho de 2023.

Babul, C. S. e Rahim, M. A. (2013). Rendimento e qualidade da manga (Mangifera indica L.) influenciados pela aplicação foliar de nitrato de potássio e ureia. Bangladesh Journal of Agriculture Research, 38(1), 145-154.

Das, D. K. (2001). Micronutrientes: Their behaviour in soils and plants. Instituto de Investigação Florestal do Bangladesh.

Davarpanah, S., Aakari, M., Babalar, M., Zarei, M., eAghayeh, R. (2017). Efeito da aplicação foliar de fósforo, potássio e ferro nas propriedades físicas e químicas da fruta da romã. Jordan Journal of Agricultural Sciences, 13(3).

Davenport, T. L. (2003). Gestão da floração em três espécies de árvores de fruto tropicais e subtropicais. Hort Science, 38(7), 1331-1336.

Davenport, T. L. (2007). Fisiologia reprodutiva da manga. Revista Brasileira de Fisiologia Vegetal, 19: 544-548.

Dutta, P. (2004). Uma breve nota sobre a pulverização foliar de potássio na melhoria da qualidade da goiaba Sardar (Pisidium guajava L.), The Orissa

Journal of Horticulture, 32(1): 103-104.

Gill, P. P. S., e Bal, J. S. (2009). Effect of growth regulator and nutrients spray on control of fruit drop, fruit size and quality of Ber under sub-montane zone of Punjab. Journal of Horticultural Sciences, 4(2), 161-163.

Gowda, A. M., Ali, H. A., e El-Bolok, T. K. (2022). Effect of Foliar Spraying with Different Sources of Potassium on Growth, Leaf Mineral Composition, Yield and Fruit Quality of Picual Olive Trees (Efeito da pulverização foliar com diferentes fontes de potássio no crescimento, na composição mineral das folhas, no rendimento e na qualidade dos frutos da oliveira picual). Egyptian Journal of Horticulture, 49(1), 103-114.

Jogdand, S. M., & Garad, B. V. (2014). Efeito de produtos químicos no rendimento e na qualidade da manga (Mangifera indica L.) cv. Keshar. BIOINFOLET-A Quarterly Journal of Life Sciences, 11(4a), 1041-1043.

Kumar Raj, M., Reddy, Y. N., Chandrasekhar, R., e Srihari, D. (2005). Efeito da aplicação foliar de produtos químicos e reguladores de crescimento de plantas na floração de mangueiras não podadas da cv. Baneshan. Journal of Research ANGRAU, 33(2), 6-11.

Kumar, A., Singh, S. K., Pandey, S. D., Patel, R. K., e Nath, V. (2017). Efeito da pulverização foliar de produtos químicos na floração e frutificação em Litchi. Revista Internacional de Microbiologia Atual e Ciências Aplicadas, 6(5), 1337-1343.

Kumar, M. A., e Reddy, Y. N. (2008). Investigações preliminares sobre o efeito da pulverização foliar de produtos químicos nos caracteres de floração e frutificação da manga cv. Baneshan. Indian Journal of Agricultural Research, 42(3), 164-170.

Kumar, P. S., Reddy, Y. N. e Hari, D. S. (2003). Efeito da pulverização foliar de produtos químicos na floração e frutificação dos rebentos que emergem após a poda na manga (Mangifera indica L.) cv. Baneshan. South Indian Hort., 51: 7-11.

Kundu, S., Mishra, J., Nandi, P., Sekhar, R. S., e Adhikary, T. (2019). Indução de floração em manga cv. Himsagar. Journal of Crop and Weed, 15(1), 29- 34.

Lad, P., Khodke, S., e Salunkhe, R. (2017). Estudos sobre as propriedades físico-químicas de diferentes variedades de manga.

Lakshmi, R. R., e Guntupalli, S. (2018). Estudos sobre o Efeito de Tratamentos Pré-Colheita para Estender a Vida Pós-Colheita da Manga cv. Kesar. Int. J. Curr. Microbiol. App. Sci, 7(6), 1527-1533.

Lauchil, U., Pierre, M. e Normand, F. (2006). Efeito sazonal da porção de azoto foliar e da eficiência da utilização da água na fotossíntese da manga. Journal of Plant Physiology, 163(1): 48-57.

Madamba, J. C. (1978). As Filipinas recomendam a manga. Philippine Council for Agriculture and Resources Research.

Mahorkar, K. D., Joshi, V. R., Dighe, S. S., Kad, V. P., eBahiram, V. K. (2022). Efeito da aplicação foliar pré-colheita de tratamentos químicos na qualidade física da anona (Annona squamosa L.) cv. Balanagar.

Malshe, K. V., Salvi, B. R., e Salvi, V. G. (2022). Influência da aplicação foliar de nutrientes após a floração na produção e nos atributos de qualidade da manga (Mangifera indica L.) cv. Alphonso nas condições do sul de Konkan. Journal of Eco- friendly Agriculture, 17(1), 62-64.

McKenzie, C. B. (1994). Resultados preliminares da absorção de cálcio e potássio de pulverizações foliares na manga Sensation. Anuário da Associação Sul-Africana de Produtores de Manga, 14, 24-25.

Meena, D., Bhatnagar, P., Meena, M. L., e Meena, N. K. (2022). Efeito da pulverização foliar de nutrientes no rendimento e na qualidade da tangerina Nagpur (Citrus reticulata Blanco.). The Pharma Innovation Journal, 11(2):1814-

1820.

Mostafa, E. A. M., e Saleh, M. M. S. (2006). Resposta das tangerineiras Balady a pulverizações de cinzelamento e potássio em condições de solo arenoso. Res. J. Agric. Biol. Sci, 2(3), 137-141.

Mukherjee, S. K. (1953). The mango-its botany, cultivation, uses, and future improvement, especially as observed in India. Economic Botany, 7(2), 130-162.

Mukherjee, S. K., e Litz, R. E. (2009). Introdução: botânica e importância. Em The mango: Botany, production and uses (Botânica, produção e utilizações) (pp. 1-18). Wallingford, Reino Unido: CABI.

Murti, G. S. R., e Upreti, K. K. (2000). Hormonas vegetais. Advances in plant physiology, 3, 109-148.

Nahar, N., Choudhury, M.S.H., e Rahim, M.A. (2010). Efeito de $KClO_3$, KNO_3, e ureia na floração e frutificação de manga e longan. J. Agrofor. Environ., 4(1), 31-34.

Nawadakar, P. R. e Pandey, R. M. (1982). Estudos sobre a translocação de fósforo na manga. Indian J. pl. physiol., 25: 158-166.

Nunez-Elisea, R. (1985). Floração e frutificação de uma manga monoembriónica e de uma manga poliembriónica influenciadas por pulverizações de nitrato de potássio e decapitação de rebentos. In Proceedings of the Florida State Horticultural Society (Vol. 98, pp. 179-183).

Oosthuyse, S. A. (1991). Fases de desenvolvimento da panícula da manga. South African Mango Growers' Association Yearbook, 11, 59-61.

Oosthuyse, S. A. (1996, setembro). Efeito de pulverizações de KNO_3 em mangueiras em floração na retenção de frutos, tamanho dos frutos, rendimento da árvore e qualidade dos frutos. No V Simpósio Internacional de Manga 455 (pp. 359-366).

Panse, V. S., eSukhatme, P. V. (1985). Statistical methods for Agricultural workers (4th Edn.) ICAR. Nova Deli, 347.

Patel, A.H., Tandel, Y.N., Saravaiya, S.N., e Ramteke, V. (2016). Efeito dos nutrientes e da tioureia no crescimento, floração, frutificação e rendimento da manga cv. Kesar. The Bioscan, 11(2), 1239-1241.

Patoliya, R. M., Tandel, B. M., Unnati, A., Patil, S. J., e Hiralal, C. (2017). Resposta da pulverização foliar de diferentes produtos químicos no rendimento e na qualidade da manga Dashehari sob plantação de ultra-alta densidade. Revista Internacional de Estudos Químicos, 5(4), 1495-1497.

Purseglove, J.W., (1972). Mangas a oeste da Índia. Ata Horticulturae. 24: 107-74.

Ramirez, F. e Davenport, T. L. (2010). Fisiologia da floração da manga (Mangifera indica L.). Scientia Horticulturae, 126: 65-72.

Rani, U. K. (2018). Avanços na regulação de culturas em manga (Mangifera indica L.). Int.J. Curr. Microbiol. App. Sci, 7(9), 35-42.

Saha, D.P., Jha, K.K., Sengupta, S. Misra, e Kumar. R. (2017). Efeito dos produtos químicos no rendimento e na qualidade da manga cv. Mallika. Revista Internacional de Ciência, Ambiente e Tecnologia, 6(2), 1512-1515.

Sanyal, D., Biswas, B., e Mitra, S. K. (1996). Estudos sobre a produção irregular de manga (Mangifera Indica L.) 1. Efeito de produtos químicos. South Indian Horticulture, 44, 1-4.

Sarker, B. C., e Rahim, M. A. (2013). Rendimento e qualidade da manga (Mangifera indica L.) influenciados pela aplicação foliar de nitrato de potássio e ureia. Bangladesh Journal of Agricultural Research, 38(1), 145-154.

Sarrwy, S. M. A., Gadalla, E. G., e Mostafa, E. A. M. (2012). Efeito da pulverização de nitrato de cálcio e ácido bórico na frutificação, produção e qualidade dos frutos da cv. Amhat date palm. Revista Mundial de Ciências

Agrícolas, 8(5), 506-515.

Sharma, K. M., Singh, V., Amarcholi, J. J., e Patel, R. J. (2016). Resposta de Diferentes Concentrações de Ureia, KNO3 e Mistura de Micronutrientes na Retenção de Frutos, Rendimento e Parâmetros Físicos de Sapota cv. Kalipatti. Indian Horticulture Journal, 6(2), 165-167.

Shivran, J. S., Jat, M. L., Jat, R. K., e Jat, A. (2020). Adoção da produção regular de manga em detrimento da produção bienal. Intl. J. Curr. Microbiol. Appl. Sci., 9, 149- 154.

Shukla, M., e Bisen, B. (2021). Efeito da intensidade da poda e da aplicação foliar de KNO_3 no crescimento das plantas, floração e frutificação da goiaba cv. Allahabad Safeda. The Pharma Innovation Journal, 10(9), 225-228.

Singh, R. N., Majumder, P. K. e Sharma, D. K. (1966). Sex-expression in mango (Mangifera indica L.) with reference to prevailing temperature Proc. Am. Soc. Hortic. Sci., 89: 228-229.

Singh, R., Manav, M. K. e Sharma, A. (2014). Efeito dos parâmetros climáticos (fator abiótico) na floração, frutificação e comportamento de qualidade das cultivares de manga. The Ecoscan, 6: 103-109.

Solanki, M. B., Varu, D. K., Mishra, S., Gohel, B., e Parsana, J. S. (2021). Efeito de Produtos Químicos e Agro-técnicas no Crescimento e Floração da Manga cv. Kesar. The Pharma Innovation Journal, 10(9), 1212-1217.

Sudha, R., Balamohan, T. N., e Soorianathasundaram, K. (2012). Efeito da pulverização foliar de produtos químicos nitrogenados na floração, frutificação e rendimento da manga (Mangifera indica L.) cv. Alphonso. Journal of Horticultural Sciences, 7(2), 190-193.

Swamy, J. S. (2012). Manipulação da floração na manga: A science comes of age. Jornal de Ciências Biológicas de Hoje: Pesquisa e Revisão, 1(1): 122- 137.

Thirupathi, N., e Ghosh, S. N. (2015). Efeito da alimentação foliar de KNO_3 e

K_2 SO_4 no rendimento e na qualidade de algumas cultivares de romã cultivadas em solos lateríticos de Bengala Ocidental. Jornal Internacional de Agricultura Tropical, 33(4), 2835-2839.

Trewavas, A. J. (1983). O nitrato como hormona vegetal. Monografia - Grupo Britânico de Regulação do Crescimento das Plantas. In:Jackson, M. B. (1983). Interacções entre o azoto e os reguladores de crescimento no controlo do desenvolvimento das plantas: Actas de uma reunião... Londres, 15 de março de 1983 (Nº 9). Wantage: Grupo Britânico de Reguladores de Crescimento de Plantas.

Valmayor, R. V. (1962). A manga: sua botânica e produção. Faculdade de Agricultura da UP, Faculdade. Laguna.

Vijay, V., Dalal, R. P. S., Beniwal, B. S., e Saini, H. (2017). Efeito da aplicação foliar de potássio e seu cronograma de pulverização no rendimento e nos parâmetros de rendimento da laranja doce (Citrus sinensis Osbeck) cv. Jaffa. Journal of Applied and Natural Science, 9(2), 786-790.

Yadav, I. S. (1997). Mango Research in India: the past 50 years. Indian Horticulture, 42, 10-17.

Yeshitela, T., Robbertse, PJ e Stassen, P. (2005). As pulverizações com nitrato de potássio e ureia afectam a floração e os rendimentos da manga Tommy Atkins'(Mangifera indica) na Etiópia. South African Journal of Plant and Soil, 22(1), 28-32.

APÊNDICES

APÊNDICE- I

FACULDADE DE AGRICULTURA, LATUR

Dados meteorológicos mensais de agosto de 2022 a maio de 2023

Ano: 2022-23

Latitude: 18°40' Norte

Estado: Maharashtra

Longitude: 76°56' Este

Distrito: Latur

Altitude:631m acima do nível do mar

Zona: Zona do Planalto de Deccan

Ano: 2022						
Período	Precipitação (mm)	R.D.	Temperatura (°C)		Humidade relativa (%)	
			Máximo.	Min.	AM	PM
30-05 Ago.	49	3	30.35	18.28	89	59
06-12 agosto.	43	3	30.14	18.98	87	62
13-19 de agosto.	-	-	30.28	18.88	86	62
20-26 de agosto.	-	-	29.64	20.92	83	66
27-02 Set.	29	1	28.71	20.85	82	69
03-09 Set.	102	5	28.71	18.85	86	65
10-16 Set.	52	3	30.21	19.85	84	66
17-23 de setembro.	43	3	29.35	18.35	88	51
24-30 Set.	17	2	29.28	18.64	84	51
01-07 Out.	17	2	28.92	17.85	77	41
08-14 Out.	106	4	28.92	18.78	86	54
15-21 Out.	112	3	29.21	16.57	72	52
22-28 Out.	-	-	27.78	14.38	73	56
29-04 Nov.	-	-	27.92	12.5	72	48
05-11 Nov.	-	-	27.78	12.14	77	49
12-18 Nov.	-	-	29.28	11.35	72	37

19-25 Nov.	-	-	27.92	13.85	69	48
26-02 Dez.	-	-	29.28	13.00	77	49
03-09 Dez.	-	-	27.91	10.85	76	37
10-16 Dez.	-	-	29.28	16.00	77	51
17-23 Dez.	-	-	30.35	12.28	85	39
24-31 Dez.	-	-	30.87	14.31	89	40
Total	570	29	-	-	-	-
Média	-	-	29.19	16.25	80.50	52.36

Ano : 2023						
Período	Precipitação (mm)	R.D.	Temperatura (°C)		Humidade relativa (%)	
			Máximo.	Min.	AM	PM
01-07 Jan.	-	-	27.29	12.71	81.8	43.9
08-14 Jan.	-	-	28.79	9.43	76.40	32.70
15-21 de janeiro.	-	-	29.36	11.36	77.90	39.30
22-28 Jan.	-	-	30.29	11.64	80.40	40.30
29-04 Fev.	-	-	30.07	11.29	79.90	39.10
05-11 Fev.	-	-	32.00	10.86	84.90	37.60
12-18 Fev.	-	-	32.57	10.50	86.50	36.30
19-25 Fev.	-	-	34.36	12.57	91.20	43.50
26 Fev.-31 Mar.	11	1	34.50	15.20	69.70	44.70
01-07 de abril	-	-	33.71	18.07	70.43	36.86
08-14 de abril	-	-	36.14	18.64	66.43	34.43
15-21 de abril	-	-	36.57	18.79	72.86	35.00
22-30 de abril	66	3	34.89	18.39	73.13	36.50
01-05 de maio	29.5	1	35.3	19.6	80.20	31.00
06-12 de maio	-	-	37.29	20.7	86.86	31.00
13-19 de maio	-	-	39.43	21.86	83.71	24.14
20-26 de maio	-	-	40.10	20.86	85.57	21.83
27-31 de maio	-	-	39.70	20.4	84.80	23.40
Total	106.5	5	-	-	-	-
Média	-	-	32.23	14.89	75.41	33.24

ÍNDICE

MIX
Papier aus verantwortungsvollen Quellen
Paper from responsible sources
FSC® C105338

Printed by Books on Demand GmbH, Norderstedt / Germany